KAREN HORNEY

THE
NEUROTIC
PERSONALITY
OF
OUR TIME

我们时代的
神经症人格

〔德〕卡伦·霍妮——著

郑世彦——译

上海文化出版社
SHANGHAI CULTURE PUBLISHING HOUSE

果麦文化 出品

目　录

序　言　　　　　　　　　　　　　　　　　　　　　　　1

第1章　神经症的文化与心理内涵　　　　　　　　　　5

第2章　为何谈论"我们时代的神经症人格"　　　　　21

第3章　焦虑　　　　　　　　　　　　　　　　　　　31

第4章　焦虑和敌意　　　　　　　　　　　　　　　　47

第5章　神经症的基本结构　　　　　　　　　　　　　63

第6章　对爱的神经症需求　　　　　　　　　　　　　83

第7章　对爱的神经症需求的更多特征　　　　　　　　95

第8章　获得爱的方式和对拒绝的敏感　　　　　　　113

第9章　性在对爱的神经症需求中的作用　　　　　　123

第10章　对权力、名誉和财富的追求　　　　　　　　135

第11章　神经症竞争　　　　　　　　　　　　　　　157

第12章　回避竞争　　　　　　　　　　　　　　　　173

第13章　神经症罪疚感　　　　　　　　　　　　　　193

第14章　神经症受苦的含义（受虐问题）　　　　　　217

第15章　文化与神经症　　　　　　　　　　　　　　235

译后记　　　　　　　　　　　　　　　　　　　　　246

序　言

　　我写这本书的目的，是为了给生活在我们当中的神经症患者提供一幅精准的画像，描绘出那些实际驱动他的内心冲突，以及他的焦虑、他的痛苦，描绘出他在与别人以及自己的关系中遇到的许多困难。在本书中，我并不关注任何特定类型的神经症，而是集中讨论我们这个时代几乎所有神经症患者身上，以这种或那种形式反复出现的性格结构。

　　本书强调神经症患者身上实际存在的冲突，以及他为解决这些冲突而做的尝试；强调患者身上实际存在的焦虑，以及他为对抗这些焦虑而建立的防御。这种对患者实际情况的强调，并不意味着我抛弃了这个观点——神经症在本质上源于儿童早期的经历。但我与许多精神分析学家的不同在于，我并不赞同把注意力片面地集中于童年时期，也不认同患者后来的反应不过是早期反应的重复。我想表明的是，童年经历和后来的冲突之间的关系，比那些宣称因果关系的精神分析学家所设想的，要复杂得多。尽管童年经历为罹患神经症提供了决定性条件，但它们并不是患者成年后出现困扰的唯一原因。

　　当我们把注意力集中于实际的神经症困难时，我们认识到，神经症并不仅仅是偶然的个人经历造成的，它还受到了特定的文化条件的影响。事实上，文化条件不仅赋予个人经历以分量和色彩，归根结底还决定了它们的特殊形式。例如，一个人在家中有一位专横跋扈或"自我牺牲"的母亲，这是个人的命运；但只有在特定的文化条件中，我们才会发现这样专横或自我牺牲的母亲。而且，也正是因为这些当前的文化条件，这种经历才会影响个人以后的生活。

当我们认识到文化条件对神经症的重要影响时，被弗洛伊德认为是神经症根源的生物条件和生理条件就退居幕后了。后面这些因素的影响，只有基于确切的证据，才可以加以考虑。

这种理论取向，使得我对神经症的一些基本问题做出了新的解释。尽管这些解释涉及迥然不同的问题，例如受虐问题、对爱的神经症需求的内涵、神经症罪疚感的含义等，但它们有一个共同的基础：强调焦虑在导致神经症性格倾向中所起的决定作用。

由于我的许多解释与弗洛伊德的观点不同，一些读者可能会问这是否还算是精神分析。这一问题的答案取决于人们认为精神分析的本质是什么。如果我们认为精神分析完全是弗洛伊德所提出的那一套理论，那么这里呈现出来的就不是精神分析。然而，如果我们认为精神分析的本质在于某些基本的思想倾向，它们关心无意识过程的作用、无意识过程的表现方式，以及把这些过程带入意识的治疗方法，那么我所呈现的就是精神分析。我认为，严格地遵守弗洛伊德所有的理论解释会带来一种危险，即倾向于在神经症患者身上发现弗洛伊德理论所希望人们发现的东西。这是一种停滞不前的危险。我相信，对弗洛伊德的伟大成就的尊重，应该表现为继续巩固他所奠定的基础。只有这样，我们才可能实现精神分析在未来作为一种治疗理论和实践的前景。

这些观点也回答了另一个可能提出的问题：我的解释在某种程度上是否属于阿德勒学派[1]。它确实与阿德勒强调的某些观点有相似之处，但从根本上说，我的解释是基于弗洛伊德的理论。事实上，阿德勒是一个很好的例子，说明了即使是对心理过程富有创造性的洞见，如果只从单一方面进行探索，并且没有基于弗洛伊德的基本发现，也可能会变得没有实际价值（sterile）。

由于这本书的主要目的并不是界定我在哪些方面同意或不同意其他精神分析学家，所以整体而言，我只在自己的观点与弗洛伊德的理论明显相左时，才会加以争论辩驳。

我在这里所介绍的，是我在对神经症的长期精神分析研究中所获得的印象。如果要呈现我的解释所依据的材料，我应该把许多详细的案例都包括进来，但在一本打算概括性介绍神经症问题的书中，这一过程无疑显得过于冗长烦琐。然而，即使没有这些材料，专家甚至普通读者仍然可以验证我的观点的正确性。如果他是一个细心的观察者，他可以把我的假设与他自己的观察和经验进行比较，并且在此基础上，拒绝或接受、修正或强调我所说的一切。

这本书的语言通俗易懂，为了清晰起见，我避免讨论太多的

---

* 本书未标"译者注"的注释均为原注。
1 阿德勒（Adler，1870—1937），奥地利心理学家，个体心理学的创始人，也是精神分析圈子中第一个与弗洛伊德分道扬镳的学者。——译者注

枝节问题。同时我还尽可能避免使用专业术语，因为这些术语总会干扰清晰的思考。因此，在许多读者尤其是门外汉看来，神经症人格的问题似乎很容易理解。但这个结论是错误的，甚至是危险的。我们无法逃避这一事实，即所有的心理问题都必然是极其复杂和微妙的。如果有人不愿意接受这个事实，那么他最好不要读这本书，以免他在寻找现成的公式时感到迷惑和失望。

本书的读者群体既包括对此感兴趣的门外汉，也包括那些专门与神经症患者打交道并熟悉相关问题的人。在这些人当中，不仅包括精神病学家，还包括社会工作者和教师，以及一些有远见的人类学家和社会学家，后者已经意识到在研究不同文化时心理因素的重要性。此外，我希望本书对神经症患者本身也有所助益。如果他在原则上不反驳任何心理学思想，不认为它是一种对个人的侵犯或强加，那么他往往就能够在自己切身痛苦的基础上，比他那些更健康的同伴对心理的复杂性有更敏锐和更透彻的理解。不幸的是，通过阅读了解自己的情况并不会治愈他的疾病；在他所阅读的内容中，他可能更容易辨认出别人的影子，而不是他自己的。

最后，借此机会，我要感谢伊丽莎白·托德（Elizabeth Todd）小姐，是她编辑了这本书。我还要感谢许多作家和学者，在书中我都提到了他们的名字。另外，我要向弗洛伊德致以最诚挚的感谢，因为他为我们的工作奠定了基础，为我们的研究提供了工具。我还要感谢我的患者们，因为我的一切见解，都来自我们共同的工作。

第 1 章

神经症的文化与心理内涵

在今天，我们相当随意地使用"神经症"这个词，但对它的含义并没有一个清晰的概念。通常情况下，这个词只不过是一种略显高雅的表达不满的方式：过去，我们习惯于说某个人懒惰、敏感、苛求或多疑，而现在很可能会说他有"神经症"。然而，我们在使用"神经症"这个词时，确实又是意有所指的。我们在没有意识的情况下，使用了某些标准来确定这个词所指的对象。

首先，神经症患者对事物的反应不同于一般人。在某些情况下，我们很自然地怀疑一个人有神经症。例如，一个女孩甘于平凡，拒绝加薪，也不希望与她的上级协调一致。再如，一位艺术家每周只挣30美元，如果他花更多时间来工作，就可以挣更多的钱；但他宁愿以此微薄的收入尽情享受人生，花大把的时间与女人厮混，或者沉迷于自得其乐的嗜好中。之所以称这些人为神经症患者，是因为大多数人都熟悉且只熟悉一种行为模式。这种行为模式意味着，我们希望在这个世界上出人头地，赶超他人，并赚取远远超过生存所必需的金钱。

这些例子表明，我们用来判定一个人是否患有神经症的标准，是看他的生活方式与这个时代所公认的行为模式是否一致。如果这个没有竞争欲（或者至少没有明显的竞争欲）的女孩，生活在普韦布洛（Pueblo）的印第安文化中，她会被认为是完全正常的；同样，如果那位艺术家生活在意大利南部或墨西哥的一个村庄里，他也会被认为是正常人。因为在这些环境中，如果有谁在满足绝对必要的需求之外，还想赚取更多的钱或者付出更大的努力，那将是不可思议的。我们再往前追溯，在古希腊，如果有人在超出个人需要之外还拼命工作，这种态度无疑会被认为有伤风化。

因此，"神经症"这个词，虽然本来是医学用语，现在却不能不考虑它的文化内涵。我们可以对病人的文化背景一无所知，而诊断他有一条腿骨折了；但如果因为一名印第安男孩[1]告诉我们，他有着深信不疑的幻觉，我们就称他是精神病患者，这是在冒极大的风险。因为在这些印第安人的文化中，对幻觉和幻象的体验被认为是一种特殊的天赋，是来自神灵的福祉。这些幻觉和幻象是被故意唤起的，拥有它们的人被认为享有某种特殊的威望。在我们的文化中，如果有人声称和他已故的祖父谈了几个小时，他会被认为患有神经症或精神病；而在一些印第安部落中，这种与祖先的交流则是一种公认的模式。再比如，如果有人因为

1　参见斯卡德·梅基尔（H. Scudder Mekeel）的《诊疗与文化》（*Clinic and Culture*），载于《变态与社会心理学杂志》（*Journal of Abnormal and Social Psychology*）第30卷（1935），第292—300页。

别人提到他已故亲属的名字而勃然大怒，我们确实应该认为他有神经症；但在基卡里拉·阿巴切（Jicarilla Apache）文化中，人们有这样的反应则是完全正常的。[1] 在我们的文化中，如果一个男人非常害怕靠近月经期的女人，我们会认为他有神经症；但在许多原始部落中，对月经的恐惧则是一种普遍的态度。

"正常"的概念不仅随着文化的不同而变化，而且随着时间的推移，它在同一文化内部也会发生改变。例如，在今天，如果一个成熟独立的女性因为自己发生过性关系，就认为自己是"一个堕落的女人""不配得到一个正派男人的爱"，那么我们肯定会怀疑她有神经症，至少在很多社交圈子里是这样认为的。然而大约 40 年前，这种罪疚感则是十分正常的心态。此外，"正常"的概念也会因社会阶层的不同而有所不同。例如，封建阶级的成员认为，一个男人终日游手好闲，只在狩猎或征战中才一显身手，这再正常不过了；而一个小资产阶级的成员，如果表现出同样的态度，就会被认为明显不正常。这种"不同"还会表现在性别差异中——只要我们的社会认同性别差异，就像在西方文化中，男人和女人被认为具有不同的气质；所以，对一个女人来说，当她接近 40 岁时整天担心变老是"正常的"，而一个男人在这个阶段对年龄感到紧张，则会被认为有神经症。

在某种程度上，每个受过教育的人都知道，对于何谓"正

1　奥普勒（M. E. Opler），《对美国两个印第安部落的矛盾心理的解释》（*An Interpretation of Ambivalence to two American Indian Tribes*），载于《社会心理学杂志》（*Journal of Social Psychology*）第 7 卷（1936），第 82—116 页。

常"，其实存在许多不同的标准。我们都知道，中国人的饮食习惯与西方人大不相同，爱斯基摩人的清洁观念与我们相去甚远，巫医治病的方法与现代医生亦完全两样。然而，很少有人懂得，人类不仅在风俗习惯上，而且在动机和情感上也有诸多差异，尽管人类学家已经含蓄或明确地阐述过这一点。[1] 正如萨丕尔（Sapir）[2] 所说的那样，现代人类学的功绩之一，就是不断地重新发现和定义"正常"。

1　参见人类学资料中的精彩阐述：玛格丽特·米德（Margaret Mead）的《三个原始社会中的性和气质》（*Sex and Temperament in Three Primitive Societies*）；鲁斯·本尼迪克特（Ruth Benedict）的《文化模式》（*Patterns of Culture*）；哈洛韦尔（A. S. Hallowell）即将出版的新作《民族学田野工作者的心理指导手册》（*Handbook of Psychological Leads for Ethnological Field Workers*）。

2　爱德华·萨丕尔（Edward Sapir），《文化人类学与精神病学》（*Cultural Anthropology and Psychiatry*），载于《变态与社会心理学杂志》（*Journal of Abnormal and Social Psychology*）第27卷（1932），第229—242页。

每一种文化都有充分的理由坚信，唯有它自己的情感和动机才是"人性"的正常表现。[1]这一观念在心理学中也不例外。例如，弗洛伊德从他的观察中得出结论，认为女人比男人更善于嫉妒；接着他试图从生物学角度来解释这一推测而来的普遍现象。[2]弗洛伊德似乎还假定，所有的人都体验过与谋杀有关的罪疚感。[3]然而，人们对待杀戮的态度千差万别，这是不争的事实。正如彼

1　参见鲁思·本尼迪克特的《文化模式》。

2　在他的论文《两性生理解剖差异的一些心理后果》(*Some Psychological Consequences of the Anatomical Distinction between the Sexes*) 中，弗洛伊德提出了这样一种理论，即生理解剖上的性别差异，不可避免地会导致每个女孩都嫉妒男孩拥有一具阴茎。后来，她想要拥有一具阴茎的欲望，就转化成了想要占有一个拥有阴茎的男人。然后，她就会嫉妒其他女人，嫉妒她们与男人发生的两性关系——更确切地说，是嫉妒她们占有这些男人——就像她最初嫉妒男孩拥有阴茎一样。在他做出这样的陈述时，弗洛伊德受到了他那个时代风气的影响：对全部人类的人性进行了概括性的论断，尽管他的概括只来自他对一个文化区域所做的观察。

　　人类学家不会质疑弗洛伊德所做观察的有效性。他们认为这些观察适合某一时代、某一文化中的某一部分人群。但是，他们会质疑弗洛伊德所做概括的有效性。他们会指出，人们对于嫉妒的态度存在着无尽的差异：在一些民族中，男人比女人更善于嫉妒；在另一些民族中，男人和女人都少有嫉妒；还有一些民族，男人和女人都异常地善于嫉妒。考虑到这些现存的差异，他们会反驳弗洛伊德——或者事实上会反驳任何人——试图根据解剖学上的性别差异来解释他观察到的东西。相反，他们会强调，有必要对生活环境的差异及其对男女嫉妒心理发展的影响进行探究。例如，对我们的文化而言，他们会提出这个问题，即弗洛伊德的观察对我们文化中的神经症女性来说是真实的，但这些观察是否也适用于我们文化中那些正常的女性呢？之所以提出这个问题，是因为那些每天跟神经症患者打交道的精神分析师经常看不到一个事实，即在我们的文化中同样也存在着正常的人。同时，还有必要追问，导致嫉妒或占有异性的心理条件是什么，以及在我们的文化中，男女生活环境的哪些不同导致了嫉妒心理发展的性别差异。

3　西格蒙德·弗洛伊德（Sigmund Freud），《图腾与禁忌》(*Totem and Taboo*)。

得·弗罗伊肯（Peter Freuchen）所指出的，爱斯基摩人并不认为杀人犯需要受到惩罚。[1] 在许多原始部落中，当一名家庭成员被外来人杀害时，这个家庭受到的创伤，可以通过某一替代物来弥补。在某些文化中，儿子被人杀死后，母亲的丧子之痛可以通过收养凶手来获得平复。[2]

如果进一步利用人类学的发现，我们必然会认识到，当前关于人性的一些概念是相当幼稚的。例如，我们认为争强好胜、同胞争宠、夫妻恩爱都是人性中固有的倾向，这种观念就十分幼稚。我们对"正常"的理解，完全取决于特定社会强加在其成员身上的某些行为和情感标准。但是，这些标准会因文化、时代、阶级和性别的不同而改变。

这些思考看似与心理学关系不大，实则对其影响深远。最直接的结果就是，人们不再认为心理学"全知全能"。我们的文化和其他文化存在一些相似之处，但我们不能推断两者皆出于相同的动机。假设一个新的心理学发现可以揭示人性固有的普遍趋势，这样的推测已经不再有效。这一切都证明了一些社会学家反复强调的观点：事实上并没有一种适用于全人类的正常心理学。

然而，这些局限性也有其意义，它们开启了新的理解的可能性。这些人类学思考的基本含义在于，情感和态度在很大程度上是由我们的生活环境所塑造的，包括文化环境和个人环境，两者

1　彼得·弗洛伊肯，《北极探险记与爱斯基摩人》（*Arctic Adventure and Eskimo*）。

2　罗伯特·布里福（Robert Briffault），《母亲》（*The Mothers*）。

密不可分地交织在一起。这一点反过来意味着，如果我们了解自己生活于其中的文化环境，就有可能更深刻地理解正常情感和态度的特殊性。同样，因为神经症是对正常行为模式的偏离，所以我们也有可能更好地理解神经症。

一方面，这样做意味着我们要追随弗洛伊德走过的道路，正是这条道路引导他最终向世界展示了至今让人不可思议的神经症理论。虽然在理论上，弗洛伊德将人类的怪癖追溯至生物性的驱力，但他在理论上以及更多在实践中同时强调了这样的观点，即如果不详细了解个体的生活环境，尤其是童年早期情感对我们的塑造作用，我们就无法理解神经症患者。把这一原理应用于某个特定文化中正常的和病态的人格结构问题，就意味着：如果没有详细了解这种文化对个体的影响，我们就无法理解这些结构。[1]

1　很多学者都开始重视文化因素对于心理状况的决定性影响。埃里希·弗洛姆（Erich Fromm）的论文——《论基督教义的产生》（*Zur Entstehung des Christusdogmas*），载于《意象》（*Imago*）第16卷（1930年），第307—373页，是最早提出并详细阐述这种方法的德语精神分析文献。后来，这种方法又被其他人所采用，如威廉·赖希（Wilhelm Reich）和奥托·费尼切尔（Otto Fenichel）。在美国，哈里·斯塔克·沙利文（Harry Stack Sullivan）是第一个认识到精神病学必须考虑文化内涵的人。其他以这种方式考虑这个问题的美国精神病学家还包括：阿道夫·梅耶（Adolf Meyer）、威廉·怀特（William A.White）[其著作《20世纪的精神病学》（*Twentieth Century Psychiatry*）]、威廉·希利（William A. Healy）和奥古斯塔·布朗纳（Augusta Bronner）[其著作《关于失职的最新启示》（*New Light on Delinquency*）]。最近，一些精神分析学家，如 F. 亚历山大（F. Alexander）和 A. 卡丁纳（A. Kardiner）等，已经开始对心理问题的文化内涵产生兴趣。在社会科学家中，持有这种观点的还可参见 H. D. 拉斯威尔（H. D. Lasswell）[其著作《世界政治学与个人的不安全感》（*World Politics and Personal Insecurity*）]和约翰·多拉德（John Dollard）[其著作《生活历史的标准》（*Criteria for the Life History*）]。

另一方面，我们还必须超越弗洛伊德，向前迈出坚定的一步——虽然只有基于弗洛伊德那具有启发性的发现，才有可能做到这一点。因为尽管在某一方面，弗洛伊德已经远远领先于他所处的时代；但在另一方面，特别是对心理特征的生物学起源的过分强调，弗洛伊德仍然扎根于他那个时代的科学主义态度。他假定，在我们文化中所常见的本能驱力或客体关系，乃是由生物性决定的"人性"，或者产生于不可改变的情境（例如生物学上规定的"前生殖器"阶段、俄狄浦斯情结等）。

弗洛伊德对文化因素的漠视，不仅导致他做出许多错误的概括，而且在很大程度上，阻碍了我们理解那些真正推动自己态度和行动的力量。我认为，这种对文化因素的忽视，就是精神分析——因为它忠实地追随弗洛伊德走过的理论路径——尽管看上去具有无限的潜力，但实际上已经走进死胡同的主要原因，其症状表现就是深奥理论的不断发展和晦涩术语的大量使用。

现在我们已经知道，神经症乃是对正常状态的偏离。这一标准非常重要，但它并不那么充分。人们可能会偏离一般模式，却未必患有神经症。前面提到的那位艺术家，他拒绝花更多的（超过必要的）时间去赚钱，可能患有神经症，不过也可能更明智，因为他不让自己卷入名利之争。另一方面，虽然根据表面观察，有些人非常适应当下的生活方式，但他们却可能患有严重的神经症。在这种情况下，心理学或医学的观点就十分必要了。

奇怪的是，仅根据这一观点来说明神经症的构成，也是很困难的。至少，如果我们仅仅研究外在表现，就很难找到所有神经症的共同特征。我们当然不能用各种症状作为标准，比如恐惧症、抑郁症或生理功能紊乱，因为这些症状也可能不出现。不过，几乎所有神经症中都存在某种抑制倾向（原因我将在后面讨论），但它们可能极为微妙或伪装得很好，以至于逃过我们的表面观察。如果仅仅根据人际关系中的障碍（包括性关系中的反常）来判断有无神经症，也会出现同样的困难。这些问题永远都存在，但难的是将它们识别出来。然而，即使对神经症人格结构没有深入了解，我们也可以在所有神经症中发现两个特征：一是反应的某种僵化，二是潜能与成就之间的脱节。

这两个特征都需要进一步的解释。我所说的反应僵化，指的是缺乏一种灵活性，这种灵活性使我们能够对不同的情境做出不同的反应。例如，正常人在感到事情可疑或者觉得有理由怀疑时，他才会去怀疑；而神经症患者可能不管什么情况，无论是否了解自己的处境，他都会疑神疑鬼。正常人能够分辨别人的赞美是真情实意，还是虚情假意；而神经症患者则无法区分这两种情况，他可能不分场合对其一概拒绝。正常人如果觉得有人向他提了不合理的要求，他会愤愤不平；而神经症患者则可能对任何含蓄的提醒都感到愤怒，即使他知道这是为了他的利益。正常人可能在重大而难以决定的事情上举棋不定，但神经症患者可能在所有情况下都优柔寡断。

然而，所谓的僵化也只有在偏离文化模式时，才会成为神经症的表征。在西方文明中，大部分农民对任何新奇或陌生的事物都固执地持怀疑态度，这是一种正常的现象；而小资产阶级近乎刻板地强调勤俭节约，也是一种正常的僵化。

同样，一个人的潜能与他生活中的实际成就之间的差距，也可能完全是由外部因素造成的。但如果一个人尽管天赋异禀，外部因素又十分有利，可他仍然无所作为；或者他拥有一切感受幸福的可能性，却不能享受自己所拥有的；或者一个女人尽管非常漂亮，却觉得自己无法吸引男人；那么，这些就是神经症的表现了。换句话说，神经症患者往往觉得他自己就是自己的绊脚石。

如果撇开这些外在表现，去探讨产生神经症的实际动力，我们就会发现，所有神经症都存在一个基本因素，那就是焦虑，以及为了对抗焦虑而采取的防御措施。无论神经症的结构多么错综复杂，这种焦虑始终是引发神经症并维持其运转的动力。这种说法的意思将在后文中变得更清晰，因此我在这里就暂不举例了。但即使是希望大家暂时接受这一基本原则，也需要对它做进一步的说明。

显而易见，上面这种说法过于笼统了。焦虑或恐惧——让我们暂时交替使用这两个词语——是无处不在的，对它们的防御也是如此。这些反应并不局限于人类。如果一只动物被某种危险吓到了，它要么反击，要么逃跑；人类也存在同样的恐惧和防御。如果我们害怕被闪电击中，就会在屋顶上安装避雷针；如果我们害怕发生意外事故，就会事先购买保险。这里同样包含恐惧和防御的因素。每一种文化中都存在恐惧和防御的因素，而且它们有可能被制度化。例如，人们佩戴护身符以防中邪，举办隆重的葬礼以消除对死者的恐惧，制定种种禁忌以回避行经的女人所携带的邪恶。

这些相似性很容易使我们犯下逻辑错误。如果恐惧和防御是神经症的基本因素，为什么这种制度化的、对抗恐惧的防御措施不能当作"文化神经症"的证据呢？这种推理的谬误在于，当两种现象中有一个共同元素时，我们便把两者当作一回事了。事实上，我们不会因为一座房子是石头建造的，就把这座房子叫作石头。那么，神经症患者的恐惧和防御具有哪种特征，使其不同于"文化神经症"呢？是因为神经症患者的恐惧是一种想象的恐惧吗？不是的，我们同样可以把常人对死亡的恐惧称为想象的。在这两种情况下，我们都是因对事物缺乏了解而产生恐惧。是因为神经症患者根本就不知道他自己为什么害怕吗？也不是的，原始人也可能不知道他为什么会害怕死亡。这两者的区别与意识或理性的程度都无关，而在于下述两种因素。

第一，每种文化下的生活情境都会引起一些恐惧。它们可能是由外部危险引起的（如自然、敌人），也可能是由社会关系引起的（如由压制、不公正、胁迫或挫折所激发的敌意），或者是由文化传统引起的（如传统上对恶魔、对违背禁忌的恐惧），暂不论这些恐惧是如何产生的。每个人或多或少都会受到这些恐惧的影响，但总的来说，我们可以有把握地做出假设：在每一种特定的文化中，这些恐惧强加在每个人身上，没有人能够避免它们。然而，神经症患者不仅拥有该文化中每个人所共有的恐惧，而且因为他个人的生活情境（不过，这些个人情境与普遍情境交织在一起），他还有一些在质或量上偏离文化模式的恐惧。

第二，存在于特定文化中的恐惧，通常都会由于某些保护措施（如禁忌、仪式、习俗等）而得以消解。一般说来，与神经症患者以不同方式建立起来的防御措施相比，这些防御措施代表了一种更经济的应对恐惧的方式。因此，正常人尽管必须承受自身文化的恐惧与防御，但总体上还是能够发挥他自己的潜能，并享受生活所给予他的一切。正常人能够最大限度地利用文化提供给自己的种种机会。从消极的角度讲，在他的文化中，除了不可避免的痛苦之外，他不会遭受更多的痛苦。然而，神经症患者总是比普通人遭受更多的痛苦。他必须为自己的防御付出过高的代价，包括他的生命力和发展力受损，或者更具体地说，他取得成就和享受生活的能力受损，从而导致了上文提到的差距和脱节。事实上，神经症患者总是一个饱受痛苦的人。我在讨论所有神经症的共同特征时，没有提到这一事实的唯一原因是，它并不一定能从外部观察到。甚至神经症患者本人，也可能没有意识到自己正在受苦。

谈到恐惧与防御，我担心到这个时候，许多读者已经感到不耐烦了，因为我对神经症的构成这么简单的问题，居然花了这么大的功夫来讨论。为了替自己辩解，我可以指出心理现象总是错综复杂的，即使是那些看似简单的问题，答案也绝不简单。我们一开始在这里遇到的困难也不例外，事实上，这个困难将伴随我们贯穿全书，无论我们要处理的是什么问题。描述神经症的特定困难在于，要给出一个令人满意的答案，我们既不能单独用心理学工具，也不能单独用社会学工具，而是要交替地使用这两种工具；就像我们事实上所做的那样，先使用一种，然后再用另一种。如果仅仅从动力学和心理结构的角度来看待神经症，那么我们就不得不虚构出一个并不存在的"正常人"，将其作为参照的标准。一旦我们跨越自己国家的边界，或者那些与我们有相似文化的国家的边界，就会遇到更大的困难；因为在不同的文化中，"正常人"的标准根本不同。而如果仅仅从社会学的角度去考虑神经症，将其视为对某一社会中普遍行为模式的偏离，那就严重忽略了那些已为我们所知的神经症的心理特征；而且，没有哪个国家、哪个流派的精神病学家会承认他们平常就是利用这一点来诊断神经症的。这两种取向的整合，在于使用这样一种观察方法——它既考虑到神经症患者外在表现的偏离，又考虑到心理动力过程的偏离，但不把其中任何一种偏离视为主要的和决定性的。这两种取向必须结合起来。一般来说，我们会指出恐惧和防御是神经症的内在动力之一，但只有当它们在质或量上偏离了同一文化中的共有模式时，才能构成神经症。

我们还必须在这个方向上更进一步。神经症还有另一个基本特征，那就是患者身上存在着相互冲突的倾向。而这些冲突倾向的存在，至少是它们确切的内容，神经症患者本人并不知道，他会自动地尝试达成某种妥协的处理方案。弗洛伊德曾以各种形式强调，这种无意识的处理是神经症构成所不可或缺的元素。然而，把神经症冲突与某种文化中普遍存在的冲突区分开来的，既不是这些冲突的内容，也不是它们在本质上是无意识的；在这两个方面，共有的文化冲突与神经症冲突可能完全相同。两者的区别在于这一事实：在神经症患者身上，这些冲突更加尖锐和突出。神经症患者会尝试达成妥协的处理方案——暂且称之为病态的解决方式；这些处理方案不如正常人的解决方式令人满意，而且是以牺牲整个人格为代价的。

即使回顾以上所有思考，仍然无法给神经症下一个完美的定义，不过我们可以做出如下的描述：神经症是一种由恐惧、由对抗这些恐惧的防御措施、由为了缓和冲突达成妥协的种种尝试所引起的心理障碍。出于实际的原因，只有当这种心理障碍偏离了特定文化中的共有模式时，我们才可以将其称为神经症。

第 2 章

为何谈论"我们时代的神经症人格"

由于我们主要关注神经症是如何影响人格的，所以我们的研究范围也仅限于两个方面。首先，本书要研究的是性格神经症而非情境神经症。神经症也可能发生在人格完整和未被扭曲的个体身上，他们仅仅由于应对充满冲突的外部环境而患了神经症，这种情况可称为情境神经症。在讨论某些基本的心理过程之后，我们再回过头来简要讨论情境神经症的结构。[1] 我们此刻的兴趣不在情境神经症，因为它并没有揭示出神经症患者的人格，只是表明一个人暂时不能适应特定的困难情境而已。我在本书中提到的神经症，主要是指性格神经症，也就是说，它们的症状表现可能与情境神经症完全相同，但其主要障碍在于性格的异常。[2] 性格神经症是潜伏的慢性过程的结果，通常始于童年时期，并且或多

1　这种情境神经症与 J. H. 舒尔茨（J. H. Schultz）所说的外源性神经症（Exogene Fremdneurosen）大致相似。

2　弗兰茨·亚历山大曾建议用"性格神经症"这一术语来指称那些缺乏临床症状的神经症。我认为这个说法并不合适，因为症状的有无通常与神经症的性质全然无关。

或少地影响到人格的各个部分。从表面上来看，性格神经症也可能由实际的情境冲突所引发，但如果仔细收集一下患者的病史，就会发现那些造成困扰的人格特质，早在任何困难情境出现之前就已经存在了。而眼前这个暂时的困难情境，很大程度上正是由于那些先前存在的性格障碍所导致的。而且，神经症患者会对某些生活情境做出病态的反应，而这些情境对正常人来说根本不意味着任何冲突。因此，这些情境只不过是揭示了可能存在已久的神经症而已。

其次，我们对神经症的症状表现并不太感兴趣。我们的兴趣主要在于性格障碍本身，因为人格的异常在神经症中是永久存在、不断发生的，而临床意义上的症状却可能因人而异或者根本不出现。同样，从文化的角度来看，性格也远比症状重要，因为影响人类行为的是性格，而不是症状。由于对神经症的结构有了更多的了解，并且意识到症状的治愈不一定意味着神经症的痊愈，因此总的来说，精神分析学家的兴趣发生了转移，他们更关注性格的异常而不是症状。打个比方，我们可以说神经症的症状只是火山的爆发，并不是火山本身；而那些导致神经症的冲突，可能正如火山一样，潜藏在患者的内心深处而不为其所知。

在做出上述界定之后，我们或许可以提出这样一个问题：今天的神经症患者是否有一些共同的特征，而这些特征又是如此重要，以至于我们可以谈谈"我们时代的神经症人格"？

至于伴随不同类型神经症而出现的性格异常，让我们惊讶的不是其相似性，而是它们的差异性。例如，癔症型性格与强迫型性格是截然不同的。然而，引起我们注意的是它们在机制上的差异，或者更通俗地说，是两种性格障碍在表现方式和处理方式上的差异。例如，在癔症型性格中，患者主要采取投射的方式来处理问题；而在强迫型性格中，患者则尽其所能把内心的冲突理智化。另一方面，我所谓的相似性并不是指冲突的表现方式，或者它们产生的机制，而是冲突本身的内容。更确切地说，相似性主要并不在于那些在根源上引发困扰的经历，而在于那些实际驱动个体行为的各种冲突。

要阐明这些驱动因素及其复杂的后果，就必须先做出一个假设。弗洛伊德和大多数精神分析学家都强调一个原则，即分析的任务在于发现冲动的性欲根源（如特定的性感带），或是一再重复出现的幼儿期模式。尽管我坚持认为，如果不追溯至其幼儿期的状况，就不可能对神经症患者有完整的理解，但我也认为，如果片面地运用起源学（genetic）[1]方法，只会使人们对这个问题的认识更加混乱而不是更清晰。因为这样会导致人们忽视实际存在的各种无意识倾向，忽视它们的功能，以及它们与同时存在的其他倾向（比如各种冲动、恐惧和防御措施）之间的相互作用。这种起源学角度的理解，只有在它有助于功能性的理解时，才是有用的。

基于这种信念，在分析了具有不同年龄、气质、兴趣，来自不同社会阶层的各种各样的神经症人格后，我发现，在所有神

---

1 起源学，可理解为一种追根溯源的方法，即指弗洛伊德对童年经验重要性的无限强调。——译者注

经症患者身上，那些起驱动作用的核心冲突的内容及其相互关系，在本质上是相似的。[1]我在精神分析实践过程中所获得的经验，通过对正常人和当代文学中人物形象的观察得到了进一步的证实。对于神经症患者身上反复出现的问题，如果剔除其虚幻晦涩的性质，我们很容易发现，它们与我们文化中正常人面临的那些困扰，只有程度上的区别而已。我们绝大多数人都不得不与这些问题做斗争：竞争、害怕失败、情感孤立、对他人和自己不信任，等等。神经症患者身上同样存在这些问题，只不过它们可能只是冰山一角。

一般而言，某种文化中的大多数个体都必须面对同样的问题。这一事实表明，这些问题实际上是由存在于该文化中的特殊生活情境造成的。我们似乎可以得出结论，它们并不代表"人性"所共有的问题，因为其他文化中的动力和冲突与我们文化中的这些元素并不相同。

因此，我所谓的"我们时代的神经症人格"，不仅是指神经症患者具有共同的基本特性，还表示这些相似的特征在本质上是由我们时代和文化中存在的困境造成的。在接下来的篇幅中，我将运用自己所了解的社会学知识，向大家说明我们文化中的哪些困境导致了我们内心的冲突。

我所做的关于文化与神经症之间关系的假设，其正确与否需

---

1 强调相似性，并不意味着忽视科学家对各种特殊类型的神经症所做的研究。相反，我完全相信，精神病理学对各种心理障碍，对它们的起源、它们的特殊结构以及特殊表现，都做出了界限清晰的描述，在这方面取得了显著的进展。

要人类学家和精神病学家来共同检验。精神病学家不仅要研究某种文化中神经症的外在表现，就像根据标准程序所完成的那样，研究神经症的类型、发病率和严重程度，而且尤其要研究神经症背后潜藏的基本冲突。人类学家则应该从这一角度来研究文化，即这种文化结构究竟给个人带来了什么心理困境。这些基本冲突的相似性表现在人们的某些态度上，而这些态度通过表面观察就可以看出来。所谓的表面观察，是指一个合格的观察者不需要借助精神分析技术的工具，就可以从他周围熟悉的人们身上有所发现，例如他自己，他的朋友、家人或同事等。现在，我将对这些经常观察到的态度进行简要分析。

这些可以观察到的态度大致分为以下几类：第一，对给予和获得爱的态度；第二，对自我评价的态度；第三，对自我主张的态度；第四，对攻击的态度；第五，对性的态度。

关于第一种态度，我们时代的神经症患者的主要倾向之一，就是对他人的赞赏或爱的过分依赖。我们都希望被别人喜欢，赢得别人的欣赏，但在神经症患者身上，这种对爱或赞赏的依赖远远超出正常人的需求，在他们的生活中占据着不切实际的比重。尽管我们都希望被自己所喜欢的人喜欢，但在神经症患者身上有一种对赞赏或爱的不分青红皂白的渴求，完全不管自己是否在乎那个人的关心，或者那个人的评判对自己是否有意义。他们往往意识不到这种无休止的渴望，但当他们没有得到想要的关注时，这种渴望就会从他们的敏感中表露出来。例如，如果有人不接受他们的邀请，一段时间不打电话给他们，甚至只是不同意他们的某些观点，他们就会感到深受伤害。当然，这种敏感也可能被一种"我不在乎"的态度掩盖起来。

而且，在他们对爱的渴望和自己感受爱或给予爱的能力之间，存在着明显的反差。一方面是他们过分关注自身的愿望，另一方面是他们对别人需求的漠不关心。这种反差和矛盾并不总是显露在外。例如，神经症患者也可能会过分热心，渴望帮助每个人，但在这种情况下，我们可以看到，他的行为是强迫性的，而非出于自发的热情。

第二种态度，表现为神经症患者过度依赖他人所致的内心不安全感，也就是说，他们的自我评价非常低。自卑感和缺陷感是神经症患者身上永久存在的特征。它们可能以各种方式表现出来，比如确信自己无能、愚蠢、没有魅力，而这些想法在现实中可能毫无根据。我们可以看到，有些绝顶聪明的人认为自己愚不可及，有些美艳绝伦的女子认为自己毫无魅力。一方面，这些自卑感可能会露于表面，表现为患者的抱怨或担忧，把莫须有的缺陷视为理所当然，然后在上面浪费大量的心思。另一方面，这些自卑感也可能被掩盖起来，表现为一种自我夸大的补偿性需要，或者一种强迫性的炫耀，以我们文化中各种沽名钓誉的东西来给他人和自己留下深刻印象，例如金钱、名画、古董、女人、人脉、旅游或学识，等等。这两种倾向中的任何一种都有可能表现得更突出，但一般情况下，人们会感觉到这两种倾向同时存在。

第三种态度，即对自我主张的态度，通常包含了明显的抑制作用。这里所谓的自我主张（self-assertion），是指一种维护自我或其权利要求的行为，而没有任何过度欲望或追求的含义。在这方面，神经症患者表现出了大量的抑制倾向。他们抑制自己表达某种要求或愿望；抑制自己做对自身有利的事；抑制自己表达意见、发表批评或命令别人；抑制自己选择想要交往的人，以及与他人的日常接触，等等。同样，在我们所说的坚持个人立场方面，也存在着种种抑制倾向。神经症患者往往无法保护自己不受别人攻击；在他们不愿顺从别人的意愿时，也无力说出"不"。例如，一个推销员向其兜售一些他们根本不想买的东西，或者有人邀请他们参加本来不想出席的舞会，或者一个男人或女人要求与其发生性关系，他们都无法直接回绝。最后，在弄清楚自己究竟想要什么这方面，也存在着抑制的倾向，他们很难做出决定、形成意见，不敢表达只符合自己利益的愿望。这样的愿望必须被隐藏起来，比如我的一个朋友，在她的私人手账中，把"电影"记在"教育"的名下，把"酒类"记在"健康"的名下。对于这类人尤其重要的一点是，他们没有能力制订任何计划[1]，无论是旅行攻略，还是人生规划。神经症患者总是让自己随波逐流，即使在诸如职业或婚姻这样的重要决定上也是如此，他们对自己在生活中想要什么，根本没有清晰的概念。他们完全被某些病态的恐惧驱使着，正如我们在某些人身上看到的，他们因为害怕贫穷而不顾一切地聚敛钱财，因为害怕走入婚姻的坟墓而陷入无休止的风流韵事。

1　在《命运与神经症》(*Schicksal und Neurose*) 一书中，舒尔茨 – 亨克 (Schultz-Hencke) 是为数不多的充分意识到这一要点的精神分析学家之一。

第四种态度，即对攻击的态度，与上述对自我主张的态度完全相反，是一种反对别人、攻击别人、贬低别人、侵犯别人的行动，或者任何其他形式的敌意行为。这种类型的心理紊乱有两种完全不同的表现方式。一种是倾向于攻击、支配或挑剔别人，喜欢指挥、欺诈或埋怨别人。有时，那些持这种态度的患者能够意识到自己的攻击性；但大多数情况下，他们根本意识不到这一点，而且还主观地认为自己只是在表现真诚，或者仅仅是在表达自己的意见。尽管事实上他们十分蛮横、咄咄逼人，但他们认为自己态度谦逊、要求合理。然而，在另一些人身上，这种心理紊乱却以一种相反的方式表现出来。通过表面观察，我们可以发现这样一种态度，这些人很容易觉得自己受了欺骗，被人控制，遭人斥责，受到不公正的待遇，或是受到羞辱。同样，这些人往往也意识不到这仅仅是他们自己的态度，而是郁郁寡欢地认为整个世界都在歧视他们、亏待他们。

第五种态度，是表现在性方面的态度，可以粗略地将其分为两类：一是对性行为的强迫性需要，二是对性行为的抑制。在通向性满足的每一步中，都可能会出现抑制倾向。比如，抑制自己与异性接触，抑制自己追求异性，抑制性功能本身，抑制性快感的过程。而且，前面描述过的那几类特征，也都可能出现在关于性的态度中。

人们或许可以对上面提到的这些态度做更详细的描述，不过，我在后文中将会一一谈到这些态度，现在对它们做事无巨细的描述，对我们的理解并没有多大帮助。为了更好地理解这些态度，我们必须考察它们产生的动力过程。在了解潜在的动力过程之后，我们就会发现所有这些态度，尽管看起来似乎不连贯，但它们在结构上是相互关联的。

第 3 章

焦　虑

在对当今的神经症进行更详细的讨论之前，我必须拾起第一章中未解决的问题，并阐明我所说的焦虑是什么意思。这样做很有必要，因为正如我所说，焦虑是神经症的动力中心，因此我们必须随时随地面对它。

　　在前文中，我曾把焦虑作为恐惧的同义词，以此表明两个词之间的密切关系。事实上，它们都是对危险做出的情绪反应，而且都可能伴随着生理感觉，如颤抖、出汗、剧烈的心跳等，这些生理变化可能非常强烈，以至于某种突如其来的强烈恐惧会直接致人死亡。尽管如此，焦虑与恐惧还是有些区别的。

　　如果母亲仅仅因为孩子身上出了一点丘疹，或是患了轻微的感冒，就担心孩子会死掉，我们把这种反应称为焦虑。但如果这个孩子确实患了严重的疾病，母亲因此而害怕孩子会死去，我们则把这种反应称为恐惧。如果有人一站在高处就害怕，或者在讨论他非常熟悉的话题时却感到害怕，我们称这种反应为焦虑；而如果一个人在狂风暴雨中迷失于深山老林，因此表现出害怕，我们则称这种反应为恐惧。至此，我们可以做出一个简单而明确的区分：恐惧是一个人面对必须面临的危险时做出的一种恰当反应，而焦虑则是对危险情境做出的不恰当的反应，甚至是对想象中的危险做出的反应。[1]

不过这种区分有一个缺陷，那就是反应是否恰当，要取决于特定文化中所存在的常识。但即使这种常识表明某种态度毫无根据，神经症患者还是可以轻松地为自己的行为找到合理依据。事实上，如果有人告诉一个神经症患者，说他害怕遭到某个疯子的攻击是病态的焦虑，那么双方就会陷入无休止的争论。他会指出自己的恐惧是真实的，还会举出与其有关的事例。如果有人指出，原始人的某些恐惧反应与实际的危险不相称，那么这些原始人也同样会固执己见。例如，如果一个部落禁止食用某种动物，而部落中某个人不小心打破了禁忌，吃了这种动物的肉，那么他一定会恐惧万分。作为一个旁观者，你可能会说这种恐惧是不恰当的反应，认为它完全没有事实根据。但是，一旦你了解了这个部落关于禁忌食物的信仰，你就会意识到，对那个误食者来说，这种情况代表了一种真实的危险，这意味着他的狩猎或捕鱼之地可能会遭到破坏，他可能会因此染上一场大病。

然而，我们在原始人身上发现的焦虑与我们文化中所谓的神

1　在弗洛伊德的《精神分析引论新编》（*New Introductory Lectures*）一书中，有一章名为"焦虑与本能生活"（Anxiety and Instinctual Life），其中对"客观性"焦虑与"神经性"焦虑做出了类似的区分，他将前者描述为一种"对危险做出的明智反应"。

经症焦虑，是有区别的。与原始人的焦虑不同，神经症焦虑的内容并不涉及人们共同持有的信念。无论是哪一种焦虑，一旦理解了焦虑的含义，就自然会打消认为它们是不恰当反应的念头。例如，有些人对死亡有着永久的焦虑；另一方面，由于遭受的痛苦，他们对死亡又有着隐秘的渴望。他们对死亡的种种恐惧，加上心中对死亡的隐隐期待，使他们产生了一种强烈的危机感，担心危险随时会来临。如果我们了解所有这些因素，就自然会把他们对死亡的焦虑视为一种恰当的反应。另一个简单的例子是：有些人发现自己在悬崖边、高楼窗户旁或高耸的大桥上，就会感到非常害怕。这里也是一样，从表面看，这种恐惧反应似乎是不恰当的；但是，这种情境可能使他们面临或内心产生了一种冲突：生存愿望与死亡诱惑（出于某种原因想从高处往下跳的冲动）之间的冲突。正是这种难以调和的冲突导致了他们的焦虑。

所有这些考量都表明，我们的定义需要做一些修改。无论恐惧还是焦虑，都是对危险做出的恰当反应。但就恐惧而言，危险是明显的、客观的；而就焦虑而言，危险是隐藏的、主观的。也就是说，焦虑的强度与当下情境对人的影响是成正比的，而至于为什么如此焦虑，他自己并不知道。

对恐惧与焦虑做出这种区分，其实际意义在于让我们明白，试图说服神经症患者摆脱焦虑是没有用的。他之所以焦虑，并不是因为现实中真正存在的情境，而是他内心所感受到的情境。因此，心理治疗的任务，只能是找出某些特定情境对神经症患者而言的特殊意义。

在界定了焦虑的性质之后，我们还必须了解焦虑所起的作用。在我们的文化中，一般人很少意识到焦虑在他生活中的重要性。通常情况下，他只记得自己在童年时有过一些焦虑，做过一个或数个焦虑的梦，以及在日常生活之外的情境下感受到的强烈焦虑——例如，在与一位大人物进行重要谈话之前，或者在某次考试之前。

在这一点上，我们从神经症患者身上获得的信息，绝不是整齐划一的。有些神经症患者能够充分意识到焦虑的困扰。焦虑的表现形式则千差万别：它可能表现为弥散性的焦虑或焦虑发作（anxiety-attacks）；也可能依附于特定的情况或活动，如高处、街道、当众演讲或表演等；还可能会有明确的内容，如担心精神失常、患上癌症、吞下了针头等。另一些神经症患者则意识到他们时而会感到焦虑，对于激发焦虑的外在条件，他们可能了解，也可能不了解，但不管怎样，他们都没有重视这些外在条件。最后，还有些神经症患者，他们仅仅意识到自己抑郁、自卑、性生活困难，以及诸如此类的问题，但他们完全没有觉察到自己有或曾有过焦虑。然而，进一步的考察通常会证明，他们最初的陈述并不准确。在分析这些患者时，我们总是会发现，在表面之下，他们与第一类患者有着同样多的焦虑，甚至更多。心理分析使这些神经症患者意识到了他们潜在的焦虑，他们可能会回忆起那些焦虑的梦或让他们感到不安的情境。尽管如此，他们所承认的焦虑程度通常并不会超过正常的水平。这正表明了我们可能在承受焦虑，而自己没有觉察到。

当我们这样说的时候，并没有揭示出这里所谈问题的重要性[1]，它是一个更大更广泛的问题的一部分。我们都有过爱、愤怒、怀疑的感受，它们有时稍纵即逝，几乎不会进入我们的意识，有时又如昙花一现，我们很快就将其忘记。这些感受可能真的无关紧要或转瞬即逝，但它们背后也可能隐藏着巨大的动力。对某种感受的知觉程度，并不能代表它的力量或重要性。就焦虑而言，这不仅意味着我们可能有焦虑而不自知，还意味着焦虑可能是我们生活中的决定因素，而我们也没有意识到这一点。

事实上，我们似乎在竭尽全力摆脱焦虑或是避免感受焦虑。这样做的原因有很多，而最常见的原因是：强烈的焦虑是我们遇到的最折磨人的情感之一。那些经历过强烈焦虑的患者会告诉你，他们宁死也不愿意再经历一次。此外，焦虑情感中所包含的某些因素，可能对个体来说尤为难以忍受。其中一个因素就是无助。在面对巨大的危险时，一个人可能会变得积极而勇敢。但在焦虑状态下，人们会感觉到——事实也是如此——无助和绝望。那些把权力、地位和控制看得高于一切的人，尤其不能容忍这种无助感。由于感到自己的反应如此不合时宜，他们开始憎恨这种感觉，就好像它显示了他们的软弱与胆怯。

焦虑中包含的另一个因素是其明显的不合理性。对某些人来说，允许非理性因素来控制他们，简直是一件无法忍受的事情。有些人在无意识中将自己训练成严格服从理性支配的人，有些人

1　这仅仅是对弗洛伊德的基本发现——无意识因素的重要性——其中一方面的阐述。

则隐秘地感到有可能被内心非理性的异己力量所吞没，因此他们绝不会有意识地容忍任何非理性的因素。除了包含各种个人动机之外，前一种反应还涉及了文化因素，因为我们的文化总是强调理性思维和行为，而认为非理性或看似非理性的东西低人一等。

焦虑中包含的最后一个因素，在某种程度上与上一条相关。正是通过这种不合理性，焦虑含蓄地告诫我们，我们内心的某些东西出了毛病；因此，它实际上是一个挑战，要求我们彻底地检视自己。这不是说我们有意识地将其作为挑战，而是说不管我们承认与否，它实际上都是一种挑战。我们当中没有人会喜欢这种挑战；可以说，我们最反感的就是认识到必须改变自己的某些态度。事实上，一个人越是无助地感到自己身陷于恐惧与防御的复杂网络，就越是紧紧抓住自己的错觉，坚信自己在一切事情上都完美无瑕，进而本能地拒绝任何关于自己有问题的暗示——即使只是间接或含蓄的暗示，也不认为自己有任何改变的需要。

在我们的文化中，主要有四种摆脱焦虑的方法：一是把焦虑合理化，二是否认焦虑，三是麻痹自己，四是回避一切可能导致焦虑的思想、情感、冲动和情境。

第一种方法——把焦虑合理化，是逃避责任的最佳借口。它的实质是把焦虑转化为合理的恐惧。如果忽略了这种转化的心理价值，我们或许会想当然地认为它并没有带来多大改变。就像那个过分担忧的母亲，不管她是否承认自己的焦虑，是否把她的焦虑解释为合理的恐惧，事实上只是在关心自己的孩子。我们可以无数次地尝试告诉这位母亲，她的反应并不是合理的恐惧，而是一种焦虑；并说明她的反应与当前的危险是不相称的，而且包含了她的个人因素。作为回应，她一定会反驳这样的暗示，并且会不遗余力地证明你完全弄错了。玛丽不是在托儿所里染上这种传染病的吗？强尼不是在爬树时摔断了腿吗？最近不是有个坏人用糖果诱骗孩子吗？所以，她的行为不是出于对孩子的责任和爱吗？[1]

无论什么时候，只要遇到对非理性态度的激烈辩护，我们就可以确定，这种辩护态度对那个人具有重要的功能。这样一来，那位母亲不仅不会因为她的情绪感到苦恼绝望，相反，她还会觉得自己能够积极应对这种情况。她不仅不用承认自己的软弱，相反，她还会为自己的高标准感到骄傲。她不仅不用承认自己的态度中充斥着非理性因素，相反，她还会觉得自己的态度非常合理。她不仅不用正视并接受挑战以改变自己内心的东西，相反，她还会继续把责任转移到外部世界，并借此避免面对自己真实的动机。当然，她最终会为这些暂时的利益付出代价，永远也无法消除内心的焦虑不安。更重要的是，她的孩子也必须为此付出代价。但她没有意识到这一点，而且归根结底，她也不想意识到这一点，因为在她内心深处一直抱着这种幻想：不必改变自己内心的任何东西，又能够得到由改变带来的一切利益。

这一原则适用于所有认为焦虑是一种合理恐惧的倾向，无论是对分娩的恐惧、对疾病的恐惧，还是对饮食失调的恐惧，甚至

1　桑多尔·拉多（Sandor Rado），《一个多愁善感的母亲》（*An Over-Solioitout Mother*）。

是对穷困潦倒和天灾人祸的恐惧。

第二种摆脱焦虑的方法是否认它的存在。事实上，运用这种方法，除了否认焦虑，即把它排除在意识之外，我们并没有对焦虑做什么。这时候它所呈现的，就是恐惧或焦虑所伴随的生理或精神现象，前者如颤抖、出汗、心跳加速、窒息感、尿频、腹泻、呕吐，后者则表现为烦躁不安、易冲动或无精打采的感觉。当我们感到害怕并意识到自己害怕时，以上这些感觉和生理反应就会在我们身上表现出来；同时，这些感觉和生理反应也可能是现存的焦虑被压抑后的表现。在后一种情况下，每个人对他的状况所了解的只是一些外在迹象，例如他在某些情境下老是想小便，或者在火车上老是眩晕恶心，有时他会在夜里盗汗，等等，而这些通常没有任何生理原因。

然而，人们也可能有意识地否认焦虑，有意识地企图克服焦虑。这种情况类似于在正常人身上发生的，通过拼命贬低恐惧来消除恐惧。关于这种正常的情况，大家最熟悉的例子就是，一个士兵想要克服他的恐惧，反而表现出英勇的行为。

同样，神经症患者也可能有意识地决定克服焦虑。例如，有一个女孩，在青春期之前一直饱受焦虑的折磨，尤其是害怕盗贼，但她自觉地决定不理会这种焦虑，夜晚独自一人睡在阁楼上，或一个人走在空荡荡的房子里。在接受精神分析时，她说的第一个梦就隐隐约约地显示了这种态度。这个梦中的一些情境实际上很可怕，但她每次都勇敢地去面对。其中一个情境是，她在夜里听到花园里有脚步声，于是她走到阳台上，厉声问道："谁在那儿？"虽然她成功克服了对盗贼的恐惧，但是引发她焦虑的真正因素并没有改变，因此，依然存在的焦虑产生的其他后果也并没有消除。她仍然缩手缩脚，觉得自己不受欢迎，无法安心从事任何建设性的工作。

通常情况下，神经症患者并不能做出这种有意识的决定，这个过程往往是自动进行的。然而，神经症患者与正常人的区别，并不在于做决定时的意识程度，而在于这个决定所产生的结果。神经症患者竭尽全力所得到的全部结果，不过是消除了焦虑的某些特定表现，就像那个女孩只是摆脱了对盗贼的恐惧。我并不想低估这一结果的价值。它不仅可能具有实际的价值，而且可能具有提高自尊的心理价值。但是，人们经常过高评价了这些结果，所以我有必要指出它的消极面。事实上，不仅人格的基本动力没有任何改变，而且当神经症患者消除了他内心障碍的表现时，他同时也失去解决这些障碍的重要动力。

这种不顾一切地想要摆脱焦虑的过程，在许多神经症患者身上都扮演着重要的角色，但这种方式往往不能被正确认知。例如，在特定的情境中，许多神经症患者表现出来的攻击性，常常被认为是表达了真实的敌意。但实际上，这种攻击性可能只是患者自己感受到了攻击，因此想方设法征服自己内心的胆怯罢了。尽管通常确实存在某种敌意，但神经症患者可能会夸大他实际感受到的攻击性，他的焦虑促使着他去战胜自己的胆怯。如果我们忽略了这一点，就有可能把将这种鲁莽误认为是真实的攻击。

第三种摆脱焦虑的方法是让自己麻痹。我们可以有意识地直接通过酒精或药物来达到麻痹的目的。然而，也有很多其他方法可以做到这一点，这些方法之间并没有明显的联系。其中之一就是，由于害怕孤独而让自己投身于社会活动。不管患者意识到了这种恐惧，还是隐约觉得有些不安，这种方式都不可能改变他的处境。另一种麻痹自己的方式是沉溺于工作，这一点可以从工作狂身上、从人们在节假日的焦躁不安中窥见一斑。人们还可以通过无节制的睡眠来麻痹自己，尽管过量的睡眠并不能使人恢复精力。最后，性行为也可以作为释放焦虑的"安全阀"。众所周知，焦虑可能会导致强迫性手淫，但焦虑同样可以引发各种性关系。那些主要通过性行为来缓解焦虑的人，一旦没有机会获得性满足，哪怕只是片刻，也会变得极为焦躁不安。

第四种摆脱焦虑的方法是最彻底的，即回避一切可能导致焦虑的思想、情感或情境。这可能是一种有意识的过程，就像害怕潜水的人回避潜水，不敢登山的人回避登山一样。更准确地说，这个人可能意识到焦虑的存在，并能有意识地回避它。然而，他也有可能只是模糊地意识到自己的焦虑和回避行为，或者他根本就没有意识到自己的焦虑和回避行为。例如，他可能完全无意识地在感到焦虑的事情上拖延时间，比如做某个决定、去医院看病、给人写信，等等。或者，他可能会"假装"无所谓，也就是主观地认为他实际上极为在意的事情毫不重要，比如参与讨论、对员工下达命令、与别人断绝关系，等等。又或者，他可能"假装"自己不喜欢、厌恶某些事情，以此为理由来躲避这些事情。例如，一个女孩害怕参加聚会时被忽视，她可能会假装自己不喜欢社交，干脆不去参加聚会。

如果我们再往前一步，探讨这种回避是如何自动发挥作用的，那么就会发现一种抑制现象。所谓抑制（inhibition），是指一个人无法去做、感受或思考某些事情，其作用就是回避因这些事情而起的焦虑。在这种状态下，患者的意识中并没有任何焦虑，也无法通过有意识的努力来克服这种抑制。抑制作用最引人注目的表现形式就是癔症型功能障碍：癔症型失明、癔症型失语、癔症型肢体瘫痪，等等。在性方面，性冷淡和性无能是这种抑制的典型代表，尽管这些性抑制的结构可能十分复杂。在心理方面，无法集中注意力、难以形成和表达自己的意见、不愿与他人交往等，都是人们所熟知的抑制现象。

如果用几页篇幅来罗列各种抑制现象，让读者对抑制的形式和发生频率有个全面印象，也许是很有价值的。然而，我想还是把这项任务留给读者，让他回顾一下自己对这方面的观察。因为在今天，抑制作用已是众所周知的现象，如果它充分展现出来，是很容易被识别的。尽管如此，我们还是有必要简要地考察一下，要意识到抑制作用必须具有哪些先决条件。否则，我们很容易低估抑制的发生频率，因为通常情况下，我们意识不到自己身上究竟存在多少抑制倾向。这些先决条件涉及了以下三种影响因素。

第一，我们必须意识到自己想做某件事情的愿望，然后才能意识到自己能否实现它。也就是说，我们必须意识到自己在某方面的野心，然后才能意识到自己在这方面有哪些抑制。也许有人会问，难道我们不知道自己想做什么吗？确实不知道。举个例子，我们可以设想这样一个场景：一个人正在听别人宣读一篇论文，在听的过程中，他对这篇论文有了一些批评意见。这时，一个微弱的抑制会导致他羞于或怯于表达批评，而更强大的抑制则会阻碍他组织自己的思想。其结果就是，只有在讨论结束之后，或者在第二天早上，他才能组织好自己的想法。但是，抑制作用也可能非常强大，以至于他根本无法形成任何批评意见。在这种情况下，即使他事实上不同意别人的意见，也会倾向于盲目地接受别人所说的一切，甚至还会赞赏别人说过的话；他根本没有意识到自己身上有任何抑制倾向。换句话说，如果某种抑制强大到能够阻止我们的愿望或冲动，那我们也就不可能意识到它的存在。

第二，如果抑制在一个人生活中发挥着非常重要的作用，以至于他宁愿坚持认为事实就是如此，无法改变，而不愿相信这是抑制作用的结果，那么阻碍我们意识到抑制作用的另一个因素便出现了。例如，如果有人对任何竞争性的工作都有着巨大的焦虑，导致他每次尝试工作时都会变得疲惫不堪，那么他可能就会坚持认为自己不够强健，不能胜任任何工作。这种信念让他得到了保护；如果他承认了抑制的作用，就不得不回去工作，把自己置于可怕的焦虑之中。

第三种因素与我们所说的文化有关。如果个人的抑制与文化所认同的抑制相一致，或者与现有的意识形态相一致，那么这个人就不可能意识到这些抑制作用。例如，一个患者身上存在着严重的抑制倾向，无法接近女人，但他意识不到自己受到了抑制，因为他接受了该文化中的普遍观念，认为女人是神圣不可侵犯的，并且据此来看待自己的行为。再如，如果把谦虚是一种美德当作教条，我们很容易形成不敢大胆追求的抑制倾向。同样，我们可能不敢去批评政治、宗教或其他领域中居统治地位的教条，自己也根本意识不到这种抑制作用的存在，从而也就意识不到自己身上存在着与惩罚、批判或孤立有关的焦虑。然而，为了正确判断这种情况，我们必须弄清楚各种个人因素。缺乏批判性意见并不一定意味着抑制的存在，也可能是由于常见的思想懒惰、愚昧，或者其信念确实与占统治地位的教条一致。

这三种因素中的任何一种，都可能导致我们无法识别存在的抑制倾向，甚至使经验丰富的精神分析学家也很难发现它们。然而，即使我们能够识别所有的抑制，仍然有可能低估它们发生的频率。因此，我们必须把所有反应都考虑进去，尽管有些反应还不能算作成熟的抑制，但它们也在臻于成熟的途中。在我上述的几种态度中，虽然我们仍有一定的主动性，但是相关的焦虑无疑会对活动本身产生影响。

首先，从事一项让我们感到焦虑的活动，会产生一种紧张、疲劳或枯竭的感受。举个例子，我有一个患者，她正逐渐摆脱对外出行走的恐惧，但在这方面仍然有很多焦虑；每当在星期天出门时，她都感到自己精疲力竭。这种衰竭并非身体虚弱所致，因为她能做繁重的家务而丝毫不觉得累。正是这种与外出行走有关的焦虑，导致了她精疲力竭。虽然她的焦虑已减轻到使她能够外出，但还是会让她觉得疲惫不堪。事实上，许多通常被归咎为过度工作的疲劳感，并不是由工作本身引起的，而是因为对工作或同事关系的焦虑。

其次，与某项活动有关的焦虑，会使这项活动的功能受到损害。举个例子，如果某人在下达命令时带有焦虑，那么，这些命令就会以带有歉意甚至无效的方式传达下来。与骑马有关的焦虑，将会使人无法驾驭马匹。然而，人们对这些焦虑的意识程度不尽相同。一个人可能意识到自己存在焦虑，使他无法以令人满意的方式完成任务；或者，他可能只是隐约地感到自己无法做好任何事，却不知道原因何在。

再次，与某项活动有关的焦虑，会破坏这项活动原本具有的欢乐。这种说法并不适用于轻度的焦虑，相反，轻度的焦虑可以使人产生更多的激情。带着轻微的恐惧去坐过山车，可能会让它更刺激；但如果带着强烈的焦虑，就会让它成为一种苦刑。与性关系有关的强烈焦虑，会使性活动变得索然无味；而如果没有意识到这种焦虑，会让人认为性活动本来就毫无趣味。

最后，我要说的这一点可能让人感到有点困惑，因为我在前面说过，不喜欢、厌恶可以作为回避焦虑的借口，而现在我又说，对某些活动的厌恶可能是焦虑导致的结果。事实上，这两个表述都是正确的。厌恶既可以当作回避焦虑的手段，也可以被认为是焦虑的结果。这只不过是心理现象难以理解的一个小例子罢了。心理现象错综复杂，除非我们下决心考察无数个交织互动的过程，否则就不可能在心理学知识方面取得任何进展。

我们讨论如何保护自己免受焦虑折磨，目的并不是展示所有可能的防御措施。事实上，我们很快就会了解到许多更彻底的应对焦虑的方法。我现在最关心的是，说明一个人所承受的焦虑可能比他自己意识到的要多得多，或者他根本没有意识到自己在承受焦虑。同时，我还要揭示在哪些地方比较容易发现焦虑。

因此，简而言之，焦虑可能隐藏在身体不适的感觉背后，例如心跳加速或疲劳无力。它也可能被一些看似合理或恰当的恐惧所掩盖。它还可能是一种隐藏的驱力，驱使我们饮酒作乐或沉迷在各种其他消遣中。我们常常会发现，焦虑正是我们无法去做或享受某些事情的原因，同时还会发现，它永远是隐藏在各种抑制作用背后的动力因素。

由于某些原因（我将在后文中讨论），我们的文化给生活在其中的个人带来了大量焦虑。因此，每个人实际上都建立了各种我在前面提过的防御机制。一个人的神经症越严重，防御机制对他人格的影响就越大，他想不到或不能去做的事情就越多；尽管根据他的体力、智力或教育背景，完全有理由期望他完成这些事情。总之，神经症越是严重，抑制作用就越多，这些抑制作用既微妙又强大。[1]

1　在《精神分析导论》（*Einfuehrung in die Psychoanalyse*）一书中，舒尔茨 - 亨克特别强调了 Luecken（空洞、裂缝）的重要性，这就是我们在神经症患者的生活和人格中发现的那些缝隙（gaps）。

第 4 章

焦虑和敌意

在讨论恐惧与焦虑之间的差异时，我们得出的第一个结论是：焦虑是在本质上包含了主观因素的恐惧。那么，这个主观因素的特征是什么呢？

让我们先来描述一个人在焦虑状态下的体验。在焦虑状态下，他会感受到一种强大的、无法逃避的危险，而他自己对这种危险却完全无能为力。不管焦虑的表现形式是什么，不管是对癌症的疑病性恐惧、对暴风雨的恐惧、对高处的恐惧，还是任何类似的恐惧，强大无比的危险和对这种危险的绝望无助，这两个因素是始终存在的。有时候，让他感到无助的危险力量来自外部——暴风雨、癌症、事故等；有时候，他感觉这种危险来自他内心无法控制的冲动——害怕自己忍不住从高处往下跳，或者害怕自己拿刀砍人；而有时候，这种危险则完全是模糊、难以捉摸的，就像焦虑发作时感觉到的那样。

然而，这些感觉本身并不是焦虑所特有的。在面对任何强大的危险，以及在面对这一危险时感到无助的情境中，人们都可能会产生这些感觉。我可以想象到，处于地震之中的人们，或一个遭受虐待的不到 2 岁的婴儿，他们的主观体验与一个对暴风雨感到焦虑的人并没有什么不同。可以说，在恐惧的情形下，危险存在于现实之中，那种无能为力的感觉由现实所定；而在焦虑的情形下，危险是由内心因素所激发或夸大的，绝望无助的感觉取决于个人态度。

因此，关于焦虑的主观因素的问题，就被简化为一个更具体的问题：究竟是哪些心理条件导致了人们产生一种强烈的危机感，以及对其绝望无助的态度？无论如何，这都是心理学家必须提出来的问题。身体内的化学条件也可以造成焦虑的感觉以及伴随的生理现象，但就如同化学条件能够让人兴奋或入睡一样，这些都不属于心理学问题。

在处理焦虑这个问题时，如同对待其他问题一样，弗洛伊德也为我们指明了前进的方向。他通过一项重要的发现指出，包含在焦虑中的主观因素源于我们自己的本能冲动。换句话说，无论是焦虑所预期的危险，还是面对危险时的无助感，都是由我们自身冲动的强大力量所引发的。我将在本章结尾更详细地讨论弗洛伊德的观点，并指出我的结论与他有何不同。

一般而言，任何冲动都有引发焦虑的潜在力量——只要这种冲动足够迫切或激烈，或者实现这种冲动意味着侵犯其他重要的利益或需求。在有明确和严厉的性禁忌的时期，例如在维多利亚时代，屈服于性冲动往往意味着招致现实的危险。举个例子，一个未婚少女，在满足自己的性冲动时，就必须面对良心受折磨和为社会所唾弃的现实危险；而那些屈服于手淫欲望的人，则必须面对阉割的恐吓以及致命的身体或精神疾病的警告。在今天，对于某些变态的性冲动，如暴露癖和恋童癖等，这一点也同样适用。然而，在当今时代，就"正常的"性冲动而言，我们的态度已经变得十分宽容，不管是在内心承认这些性冲动，还是在现实中实施它们，都极少招致严重的危险；所以，在这方面也就没有什么值得担忧的了。

根据我的经验，我们的文化对性的态度的改变，很可能导致了下面这一事实：只有在特殊情况下，性冲动才会成为焦虑背后的动力因素。这种说法似乎有些夸张，因为毫无疑问，从表面上看，焦虑确实与性冲动有关。我们在神经症患者身上经常能看到与性交有关的焦虑，或者因为焦虑而在性方面存在种种抑制。然而，进一步的分析却表明，焦虑的根源通常不在于性冲动本身，而在于与之相伴的敌意冲动，例如通过性行为来伤害或羞辱对方。

事实上，**正是这各种各样的敌意冲动，构成了神经症焦虑的主要来源**。我担心这种新的说法，听起来又像是对个别案例所做的不合理的概括。然而，虽然在这些案例中，我们可以发现敌意与焦虑之间的直接关系，但它们并不是我得出这个结论的唯一基础。众所周知，强烈的敌意冲动可以成为焦虑的直接原因，如果实现这种冲动会给自我带来巨大的麻烦。举一个例子就可以说明许多类似的情况。F先生约他深爱的玛丽小姐一起爬山，但在途中，由于莫名其妙的猜忌，他对她产生了强烈的愤怒。当他们走在一条陡峭的山路上时，F 先生突然感到十分焦虑，呼吸急促，心跳加快，因为他有一种有意识的冲动，想把玛丽小姐推下山崖。这种焦虑的结构和性欲引起的焦虑完全一样，是一种强迫性的冲动，一旦屈服于这种冲动，就会给自我带来灾难。

然而，在大多数人身上，敌意与焦虑之间的因果联系并不明显。因此，为了阐明我为什么要宣称，在我们时代的神经症中，敌意冲动是引发焦虑的主要心理因素，现在有必要详细考察压抑敌意所导致的心理后果。

压抑敌意，意味着"假装"一切正常，从而使我们在应该斗争时避免了斗争，或者在想要斗争时就压制了念头。因此，这种压抑带来的第一个不可避免的结果就是，它产生了一种毫不设防的感觉，或者更确切地说，它强化了一种早已存在的不防备感。当一个人的利益在事实上遭到了侵犯时，如果压抑自己的敌意，就有可能让别人占他的便宜。

化学家 C 的经历，代表了日常生活中的这种现象。C 由于工作过度，患上了所谓的神经衰弱症。他天赋过人，雄心勃勃，而自己却没有意识到这一点。由于某些我们暂时搁置的原因，他压抑了自己的雄心壮志，因而显得很谦和。当他进入一家大型化学公司的实验室后，一位年纪比他稍大、职位比他略高的同事 G，将他置于自己的羽翼之下，并一直对他非常友好。由于一系列个人的因素——对他人情感的依赖，不敢提出批判性意见，未能认识到自己的雄心因而也没有看出他人的野心——C 很乐意地接受了这份友情，而且没有注意到，事实上 G 除了自己的事业前途外，对其他事情皆漠不关心。有一次，G 报告了一个有可行性的发明创见，并说那是他自己的想法，而事实上这是 C 的想法，是 C 以前在一次友好的交谈中透露给 G 的。这让 C 感到有些震惊，但情感并不强烈。有那么一瞬间，C 对 G 产生了怀疑，但由于他自己的野心激起了他内心的强烈敌意，所以，他不仅立即压抑了这种敌意，而且还压抑了理所当然的怀疑和批评。因此，他仍然相信，G 是他最好的朋友。结果，当 G 劝阻他继续做某项工作时，他就傻乎乎地接受了劝告。当 G 完成了那项本来属于 C 的发明时，C 也只是感觉 G 的天赋和智慧远远超过了自己。他还为自己有这样一位值得钦佩的朋友而感到高兴。因此，由于压抑了自己的怀疑和愤怒，C 没有注意到，在一些关键问题上，G 是他的敌人而不是朋友。由于 C 坚持 G 是真心喜欢他这一错觉，他放弃了为自己的利益而斗争。他甚至都没意识到，自己至关重要的利益正受到侵犯，因此也就不可能为之而战，而只能听任对方利用自己的弱点。

通过压抑敌意来克服的恐惧，也可以通过有意识地控制敌意来克服。但是，一个人是控制还是压抑敌意，并不是自己可以选择的，因为压抑类似于反射的过程。如果在某个情境中，个体无法忍受自己意识到的敌意，就会发生压抑。当然，在这种情况下，个体不可能通过有意识的控制来克服敌意。无法忍受自己意识到的敌意，主要原因在于我们所敌视的人，同时也可能是我们深爱或者需要的人；在于我们可能不想正视导致敌意的那些原因，比如嫉妒或者占有欲等；或者在于从内心承认对某人的敌意，可能是一件让人害怕的事情。在这种情况下，压抑就成了获得安全感的最快速和最便捷的方法。通过压抑，可怕的敌意从意识中消失，或者被阻止进入意识。我想换种方式来重复这个句子，因为尽管它很简单，却是很少被人理解的一个精神分析观点：如果一个人的敌意被压抑了，那么他根本意识不到自己有敌意。

然而，从长远来看，这种最快速的获得安全感的方法，不一定是最安全的方法。通过压抑的过程，虽然敌意——或者为了表明其动力特征，我们在这里最好使用"愤怒"这个词——被逐出了意识，但它并没有消失。它脱离了个体的人格背景，并因此失去了控制，作为一种极具爆炸性和喷发性的情感，在人们的内心中沸腾并随时等待着发泄。这种被压抑的情感的爆发性更强，因为它的孤立性使其呈现出更大的、往往是不可思议的力量。

不过，只要一个人意识到敌意的存在，就会从三个方面限制它的扩张。首先，他会在特定的情境中，考虑自己周围的环境，判断自己对敌人或假想的敌人能够做什么，或者不能做什么。其次，如果对一个自己喜欢的人感到愤怒，他同时又欣赏、喜欢或需要这个人的其他方面，那么这种愤怒迟早会融入他的整个情感。最后，既然一个人已经形成了有所为而有所不为的认识，只要他发展出这种人格，敌意冲动自然会受到一定限制。

但如果这种愤怒受到了压抑，那么，促成这些限制的可能性也就被切断了。其结果就是，敌意冲动会同时从内部和外部突破这些限制，尽管这只出现在幻想中。如果我提到的那位化学家听从了他的敌意冲动，那么他就会告诉别人，G 先生是如何破坏和利用了他的友谊；或者向他的上级透露，G 剽窃了他的思想并阻止他继续相关研究。但是，由于他的愤怒被压抑了，这种愤怒就分化、扩散开来，然后很可能出现在他的梦里。在他的梦中，他可能以某种象征性的方式成为杀人犯，或者成为一个受人敬仰的天才，而其他人在梦中都很不光彩地败下阵来。

正是通过这种分化和扩散，受压抑的敌意通常会随着时间的推移，由于外部因素而得到强化。例如，如果一位高级职员对他的上司感到愤怒，因为上司事先没有跟他商量就做出安排；而如果这个职员压抑了他的愤怒，从不对上司的安排提出反对意见，那么上司肯定会继续不尊重他的意见。这样一来，这个职员就会对上司不断滋生新的敌意。[1]

压抑敌意的另一个结果是，一个人会把那些难控制的、极具爆发性的情感"记录"（registers）在心中。在讨论这个结果之前，我们必须先考虑其中蕴含的一个问题。根据定义，压抑情感或冲动的结果是，个体再也意识不到这种情绪的存在，因此在他的意识中，他并不知道自己对别人有任何敌意。那么，我怎么能说他会在心中"记录"这种受压抑的情感呢？答案就在于，意识与无意识之间并没有严格的界限，而正如哈里·斯塔克·沙利文在一

1　F. 昆克尔（F. Kunkel）在《性格学引论》（*Einfuehrung in die Charakterkunde*）中注意到了这一事实，即神经症患者的态度会导致环境做出反应，通过这种反应，神经症患者的态度本身又会得到强化，结果，神经症患者就会越陷越深，越来越难以自拔。昆克尔称这种现象为恶性循环（Teufelskreis）。

次演讲中所指出的，意识有好几个层次。不仅受压抑的冲动仍在发挥作用——弗洛伊德的基本发现之一——而且在更深层次的意识中，个体甚至知道这种冲动的存在。如果用最简单的话来说，这意味着从根本上我们无法欺骗自己，意味着其实我们对自己的观察比自己意识到的更清楚，就像我们对他人的观察也往往比我们自己意识到的更清楚。例如，我们对一个人的第一印象通常比较正确，就属于这种情况。不过，我们可能有各种理由不去注意我们的观察。为了避免重复的解释，当我意指我们知道自己内心的活动而又没有意识到这一点时，我就用"记录"这个词。

只要这种敌意及其对其他利益的潜在危险足够大，压制敌意所产生的后果，本身就足以造成焦虑。那种隐隐约约的不安状态，可能就是这样形成的。然而，更经常的情况是，因为人们迫切需要消除这种从内部威胁自身利益与安全的危险情感，所以这个过程并不会到此为止。于是，第二个类似反射的过程开始了：个体把他的敌意冲动"投射"到外部世界。第一种"假装"，即压抑作用，需要第二种"假装"来补充：他"假装"那些破坏性冲动不是来自自己的内心，而是来自外界的某人或某物。从逻辑上讲，他的敌意冲动所针对的人，就是他所投射的对象。结果，这个人现在在他心里变得异常可怕，部分原因在于这个人被赋予了残酷无情的性质，这本是投射者自身受压抑的冲动所具有的性质；另一部分原因在于，在任何危险中，这种危险的程度不仅取决于真实的情境，而且取决于个人对这些情境所采取的态度。一个人的防御能力越弱，他面临的危险就越大。[1]

作为一种次要功能，投射也可以用来满足自我辩护的需要。一个人想要去欺骗、偷窃、剥削、羞辱他人，他可能不会承认是自己想要这么做，相反，他会认为是别人想要对他做这样的事情。如果一个妻子忽视了自己想要伤害丈夫的冲动，并且在主观上认为自己非常爱丈夫，那么由于这种投射机制，她很可能会认为丈夫才是那个想要伤害她的凶残之人。

投射的过程有可能会（也可能不会）得到另一个过程的支持，后面这一过程与投射具有相同的目的，即对报复的恐惧可能会掌控住受压抑的冲动。在这种情况下，一个人想要伤害、欺骗、欺诈别人，同时也害怕别人以眼还眼、以牙还牙。这种对报复的恐惧，在多大程度上是人性中根深蒂固的普遍特征，在多大程度上源于对罪恶和惩罚的原始经验，在多大程度上是因为个人报复的冲动，我在这里不作任何回答。但毫无疑问，这种对报复的恐惧在神经症患者心中发挥着重要影响。

这些受压抑的敌意所产生的心理过程，结果又进一步产生了焦虑情绪。事实上，这些压抑确实引发了一种典型的焦虑状态：由于感到来自外界的强大危险而产生的毫无招架之力的感觉。

虽然焦虑形成的步骤在原理上很简单，但在实际中，要理解

1　埃里希·弗洛姆在《权威与家庭》（*Autoritaet und Familie*）一书中就曾明确指出，我们对某种危险做出的焦虑反应并非机械地取决于这种危险的实际情况。"一个养成了无助和消极态度的个体，对于相对较小的危险，也会做出十分焦虑的反应。"该书由国际社会研究所的马克斯·霍克海默尔（Max Horkheimer）编辑而成。

焦虑产生的条件却往往很困难。其中一个复杂的因素就是，被压抑的敌意冲动往往不是投射到实际相关的人物身上，而是投射到其他事物上。例如，在弗洛伊德的一个案例中，小汉斯就没有对他的父母产生焦虑，而是对马匹产生了焦虑。[1] 我有一个本来很明智的患者，在压抑了对她丈夫的敌意之后，突然对游泳池中的水爬虫产生了焦虑。所以，从细菌到暴风雨，似乎任何东西都可以引起人们的焦虑。这种把焦虑从与之相关的人身上分离的倾向，原因是显而易见的。如果焦虑实际上是针对父母、丈夫、朋友或关系亲密的人，那么，这种臆想的敌意就会与现有的尊重、爱或欣赏的态度不相容。在这些情况下，最好的办法就是完全否认敌意。通过压抑自己的敌意，这个人就否认了自己有任何敌意；而通过把心中的愤恨投射到其他事物上，他就否认了别人有任何敌意。许多幸福婚姻的幻象都建立在这种鸵鸟政策上。

从逻辑上来讲，压抑敌意必然导致焦虑的产生，但这并不意味着每次发生这个过程时，焦虑都会显现出来。焦虑可能会以某种方式迅速转移，比如通过我们已经讨论过的，或稍后将讨论的某种防御机制。在这种情况下，一个人可以通过其他方式来保护自己，例如，发展出越来越强烈的嗜睡或酗酒现象。

在压抑敌意的过程中，可能会产生形式各异的焦虑。为了更好地理解它的结果，我将在下面陈述各种不同的焦虑表现。

A：感觉危险来自自身内部的冲动。

1 　西格蒙德·弗洛伊德，《弗洛伊德文集》（*Collected Papers*）第 3 卷。

B：感觉危险来自外界。

从压抑敌意所致的结果来看，A 组似乎是压抑作用产生的，而 B 组似乎是投射作用产生的。无论是 A 组还是 B 组，都可以进一步分为两个亚组。

（1）感觉危险是针对自己的。

（2）感觉危险是针对他人的。

这样，我们就获得了四种主要的焦虑类型：

A（1）：感觉危险来自自身内部的冲动，并且是针对自己的。（在这一类型中，敌意会继发性地转而针对自我，对于这一过程，我们将在后面加以讨论。）

例证：害怕自己不得不从高处往下跳。

A（2）：感觉危险来自自身内部的冲动，并且是针对他人的。

例证：害怕自己拿刀伤害别人。

B（1）：感到危险来自外界，并且是针对自己的。

例证：害怕暴风雨。

B（2）：感到危险来自外界，并且是针对他人的。（在这一类型中，敌意被投射到了外部世界，而敌意所针对的最初对象依然存在。）

例证：过分操心的母亲，担心她的孩子会遇到危险。

毋庸置疑，这种分类的价值是有限的。它或许可以帮助我们更快地判断焦虑的类型，但它并不能揭示所有可能的情况。例如，我们不能由此推断，一个具有 A 型焦虑的人绝不会把他受压抑的敌意投射出去；我们只能推断，在这种特定形式的焦虑中，投射作用暂不存在。

敌意能够产生焦虑，但两者之间的关系并不仅限于此。这个过程反过来也可能起作用：当一个人受到威胁产生了焦虑，很可能出于防御而出现应激性敌意。在这一点上，焦虑和恐惧并没有什么区别，恐惧同样可以引发攻击。当然，应激性敌意如果受到压抑，它也会产生焦虑，这样就形成了一种恶性循环。敌意与焦虑之间的相互作用，其结果往往是一方激发并强化了另一方，这使得我们能够理解为什么会在神经症患者身上发现如此大量冷酷无情的敌意。[1]这种相互影响，同时也从根本上解释了虽然没有任何明显的外界不良条件，严重的神经症患者的病情却常常会日趋恶化。焦虑和敌意，究竟哪个是首要的因素，这一点并不重要；对于神经症的动力因素来说，最重要的一点是，焦虑和敌意相互交织、密不可分。

总的来说，我所提出的焦虑概念，基本上是依据精神分析的方法发展而来的。它要依靠无意识驱力、压抑、投射等过程的动力才能发挥作用。然而，如果我们进行更详细的探究，就会发现，这个概念在许多方面有别于弗洛伊德提出的观点。

弗洛伊德先后提出了两种关于焦虑的观点。第一种观点，简而言之，焦虑产生于对冲动的压抑。这里的冲动仅仅指性冲动，因此这纯粹是生理学角度的解释，它基于这样一种信念，即如果性能量受到阻碍不能释放出来，它就会在身体内产生一种生理紧张，继而转化为焦虑。根据他的第二个观点，焦虑——或者他所

1　当我们意识到敌意经过焦虑得到强化，似乎就没有必要像弗洛伊德在他的死本能理论中所做的那样，为这种破坏性的驱力寻找一个特定的生物学根源。

谓的神经症焦虑——来源于对那些冲动的恐惧，而发掘或放纵这些冲动将会招致外来的危险。[1] 这第二种解释是心理学角度的解释，它不仅仅指性冲动，同时也指攻击冲动。在这种对焦虑的解释中，弗洛伊德并不关心冲动的压抑或不压抑，而只关心对这些冲动的恐惧，因为放纵这些冲动会导致外来的危险。

我的焦虑概念则基于这一信念，即弗洛伊德的两种观点必须结合起来，才能理解焦虑的全貌。因此，我抛弃了第一种观点的纯粹生理学根基，并将其与第二种观点结合起来。总的来说，焦虑的主要来源并不是对冲动的恐惧，而是我们对受到压抑的冲动的恐惧。在我看来，弗洛伊德之所以未能充分利用他的第一种观点，其原因在于：尽管它来源于精细的心理学观察，但他只从生理学角度进行阐释，而没有提出这样一个心理学问题，即如果一个人压抑了某种冲动，那么他的心理会发生什么变化。

我与弗洛伊德有分歧的第二点，从理论上看不太重要，但在实践方面十分重要。我完全同意他的这一观点，即焦虑可能来源于任何一种冲动，只要放纵这种冲动就会招致外来的危险。性冲动当然是这样一种冲动，但前提是个人和社会对其设置了严格的禁忌，才会使其成为危险的冲动。[2] 根据这种观点，性冲动引发焦虑的频率，在很大程度上取决于现有文化对于性的态度。我并

1　弗洛伊德，《精神分析引论新编》中"焦虑与本能生活"一章。

2　在某些社会中，也许正如塞缪尔·巴特勒（Samuel Butler）在《乌有乡》（*Erewhon*）中所描述的那样，任何生理疾病都会遭到严厉的惩罚，因此人们若要生病就会感到不安。

不认为性本身是焦虑的一个特定来源。然而，我完全相信，在敌意中，或者更确切地说，在受压抑的敌意冲动中，确实存在这种产生焦虑的特定来源。把我在这一章中所呈现的概念用简单实用的语言概括一下，那就是：不管什么时候，只要我发现了焦虑或焦虑的迹象，我的脑海里就会出现这样的问题——是什么敏感的地方受到了伤害，从而引起了敌意？又是什么让人们必须压抑这种敌意？我的经验是，朝着这些方向探索，往往就会获得令人满意的对焦虑的理解。

我与弗洛伊德有分歧的第三点在于他的假设。他的假设是，焦虑仅仅源于童年时期，从所谓的出生焦虑开始，继而进入阉割恐惧，而在后来生活中产生的焦虑都是基于童年期的幼稚反应。"毫无疑问，我们所谓的神经症患者，他们对待危险的态度仍然很幼稚，还没有摆脱过去的焦虑处境而成熟起来。"[1]

让我们分别考察这一解释中所包含的各种因素。弗洛伊德断言，在童年时期，我们特别容易产生焦虑的反应。这是一个无可争辩的事实，它有充分的、可以理解的理由，因为儿童对于种种不利的影响，相对来说比较无助。事实上，在性格神经症患者身上，我们总是发现，焦虑的形成开始于童年早期，或者至少我所说的基本焦虑，其基础在童年早期就已经埋下了。然而，除此之外，弗洛伊德认为，成年神经症患者的焦虑，仍与最初引发它的条件有关。举例来说，这就意味着，一个成年男子会像他小时候

1　弗洛伊德，"焦虑与本能生活"，《精神分析引论新编》。

一样，受到阉割恐惧的折磨，尽管形式有所改变。毫无疑问，确实有这样罕见的病例，在这些病例中，童年期的焦虑反应很可能在日后适当的刺激下，以未加改变的形式重新出现在患者的生活中。[1]但总的来说，我们所发现的问题并不是单纯的重复，而是在此基础上的发展。在一些案例中，精神分析可以帮助我们对神经症的形成获得相当完整的理解，我们可以发现，从早期的焦虑到成年的怪癖之间，存在着一条连续不断的反应链。因此，除了其他因素之外，后来的焦虑中确实包含了存在于童年期的特定冲突。但从整体上看，焦虑情绪并不是一种童年期的幼稚反应。如果这样认为，就会混淆两种完全不同的东西，即把任何幼稚的态度，都视为只发生于童年期的态度。如果我们有正当的理由把焦虑看作童年期的幼稚反应，那么至少也有同样正当的理由，把它称作儿童身上早熟的成人态度。

1　J. H. 舒尔茨在《神经症、生存需要和医生的职责》（*Neurose, Lebensnot, Aerztliche Pflicht*）一书中，记录了一个这样的病例：有一个职员老是更换工作，因为某些上司总会让他感到愤怒和焦虑。分析表明，只有那些留有某种样式的胡须的上司才会激怒他。这个患者的反应，实际上是他 3 岁时对父亲的反应的精确重演，当时，父亲曾以威胁、恐吓的方式攻击他的母亲。

第 5 章

神经症的基本结构

实际的冲突情境可以充分地解释焦虑。然而，如果在性格神经症中发现了产生焦虑的情境，我们就不得不考虑先前就存在的焦虑，以便解释为什么在那种特定的情况下，患者会产生敌意并加以压抑。于是，我们就会发现，先前已有的焦虑，又是此前已有敌意之结果，如此循环往复。为了理解这整个发展过程是如何开始的，我们将不得不追溯到童年时期。[1]

这是我处理童年经历问题的少数场合之一。与精神分析文献中的惯常做法相比，我较少提到童年时期，并不是我认为童年经验不如其他精神分析学家所认为的那样重要，而是因为在这本书中，我要讨论的是神经症人格的实际结构，而不是导致神经症人格的个体经验。

在考察了大量神经症患者的童年经历后，我发现，他们身上都有一个共同特征，即遭遇了不幸的环境，这种环境以不同的组

1　在这里，我不打算讨论这个问题，即对心理治疗来说，追溯童年时代要追溯到多久远才算有效。

合表现出以下特征。

可以说，最基本的不幸是缺乏真正的温暖和爱。一个孩子可以忍受很多通常被视为创伤的东西——例如突然断奶、偶尔挨打、性经历等——只要他在内心感到被人需要、被人爱。不用说，孩子能够敏锐地感觉到这份爱是否真诚，绝不会被任何虚情假意所欺骗。孩子没有得到足够的温暖和关爱，主要原因在于父母自己患有神经症，无法给予孩子所需要的温情。在我的经验中，最常见的情况是，这种温暖的基本缺失被伪装了起来，父母声称一切都是为了孩子的利益。一位所谓"理想的"母亲，她的教育理念、过分操心或自我牺牲的态度，是造成这种氛围的基本因素，而这种氛围比任何因素都更能让孩子对未来产生巨大的不安全感。

此外，我们还会在父母身上发现许多行为和态度，它们只会激起子女心中的敌意。例如，对个别孩子的偏爱，不公平的责备，对孩子忽冷忽热，不信守承诺，等等。同样重要的是，他们对待孩子需求的态度也有问题，即使是最正当合理的愿望，要么是暂不考虑，要么是一贯干涉，例如，干涉孩子的交友，嘲笑孩子的独立思考，破坏孩子追求的兴趣——不管这些兴趣爱好是关于艺术的、体育的、还是机械方面的。总之，父母的这种态度，即便不是有意为之，在实际中也会破坏孩子的意志。

关于引起儿童敌意的种种因素，大多数精神分析文献都强调儿童愿望的受挫（特别是性愿望的受挫），以及儿童的嫉妒心理。童年期之所以产生敌意，很可能是因为我们的文化对欢乐的态度令人生畏，尤其是对儿童性行为的态度，无论后者涉及的是对性好奇、手淫，还是与同伴玩性游戏。但可以肯定的是，挫折并不是这种叛逆敌意的唯一来源。观察表明，毫无疑问，儿童和成年人一样，可以接受大量的剥夺，只要他们觉得剥夺是公正的、公平的、必要的，或者是事出有因的。例如，只要父母不施加过分的压力，也不以欺骗或残忍的手段来强迫孩子讲卫生，他们就不介意接受清洁教育。同样，孩子也不介意偶尔受到惩罚，只要他觉得自己仍然是被爱着的，只要他觉得惩罚是公正的，而不是为了伤害他或侮辱他。挫折本身是否会引发敌意，这个问题很难判断，因为在儿童受到剥夺的环境中，通常还存在许多其他刺激因素。重要的是挫折的真正意图，而不是挫折本身。

我强调这一点的原因是，人们往往把重点放在挫折本身的危险上，这使得许多父母比弗洛伊德本人走得还要远，他们避免对孩子做任何干涉，以免他们因此受到伤害。

确实，无论是在儿童还是在成人身上，嫉妒都是滋生仇恨的源头之一。毫无疑问，兄弟姐妹之间的嫉妒[1]，以及对父母中任何一方的嫉妒，都会对神经过敏的儿童产生重要影响，甚至这种态度还会对他以后的生活产生持久影响。然而，我们不免产生疑问：这种嫉妒到底产生于什么样的情境？在手足之争或俄狄浦斯

1　参看大卫·莱维（David Levy），《手足竞争实验中的敌对模式》（*Hostility Patterns in Sibling Rivalry Experiments*），载于《美国精神病学杂志》（*American Journal of Orthopsychiatry*）第 6 卷（1936）。

情结中观察到的嫉妒反应，注定会出现在每一个儿童身上吗？或者它们只是由某些特定情境所激发的？

弗洛伊德在神经症患者身上观察到了俄狄浦斯情结。他从这些患者身上发现，对父母任何一方的强烈嫉妒反应极具破坏性，足以引起孩子内心的恐惧，并可能会对其性格形成和人际关系产生持久影响。由于他经常在那个时代的神经症患者身上观察到这种现象，因此弗洛伊德认为这是一种普遍的现象。他不仅认为俄狄浦斯情结是神经症的症结所在，而且试图在此基础上理解其他文化中的复杂现象。但正是这种概括让人心生怀疑。在我们的文化中，手足之间以及父母和子女之间确实容易产生嫉妒反应，正如它们发生在任何一个紧密联系在一起的群体中。但是，没有证据表明，破坏性的、持久性的嫉妒反应——当我们谈论俄狄浦斯情结或手足之争时，我们想到的正是这些——在我们的文化中如弗洛伊德所设想的那样常见，更不用说在其他文化中了。总的来说，这些嫉妒是一种人性的反应，但它们是通过儿童成长的环境而人为产生的。

在后文中讨论神经症嫉妒的一般内涵时，我们将详细了解是哪些因素导致了嫉妒。在这里，我们只需要指出缺乏温情和鼓励竞争会促成这一结果。此外，那些制造出这种氛围的患有神经症的父母，他们通常不满意自己的生活，没有满意的情感关系和性关系，因此倾向于把孩子作为爱的对象。他们把对爱的需要寄托在子女身上。这种爱的表达不一定带有性的色彩，但无论如何，它具有高度的情感内涵。我不敢确定，子女与父母关系中的性暗流是否会强大到引起潜在的障碍。但不管怎样，在我所知道的案例中，患有神经症的父母都是通过恐吓或温情，迫使孩子陷入这种充满张力的依恋，并使其带上弗洛伊德所描述的占有和嫉妒的全部内涵。[1]

我们习惯于认为，对家庭或某些家庭成员产生敌意，对儿童的成长来说是不幸的。当然，如果孩子是反抗患有神经症的父母，那确实是不幸的。然而，如果这种反抗有充分的理由，那么对儿童性格养成的危险，并不在于对反抗的感受或表达，而在于对反抗的压抑。压抑批评、反抗或指责，会产生很多危险，其中之一就是，儿童可能会把所有责任都揽到自己身上，并觉得自己不值得被人爱。我们将在后面讨论这种情况的种种内涵。我在这里所担心的危险是，受到压抑的敌意可能会产生焦虑，并开始经历我们上文讨论过的发展过程。

在这种环境中长大的孩子，为什么会压抑自己的敌意呢？原因有很多，它们以不同的程度通过不同的组合方式发挥作用。其中主要的四种原因是：无助、恐惧、爱或罪疚感。

孩子的无助，常常只被当作一个生物学事实。虽然儿童在很长一段时间内确实依赖周围环境来满足自身的需要——因为与成

---

[1] 总的来说，我的这些观点与弗洛伊德的俄狄浦斯情结的概念并不一致。我认为，俄狄浦斯情结不是生物学上的特定现象，而是受文化制约的。由于许多学者都讨论过这个问题——马林诺夫斯基（Malinowski）、博姆（Boehm）、弗洛姆、赖希（Reich）——因此我在这里仅仅指出我们文化中有可能产生俄狄浦斯情结的因素：两性之间的冲突导致的婚姻不和谐；父母滥用权威；禁止子女释放性冲动；把子女幼稚化，使其在情感上依赖父母，否则就抛弃之。

年人相比，他们的体格不够强健、经验不够丰富——但人们仍然过于强调了这个问题的生物学因素。儿童在两三岁之后，就会发生一种明显的改变，从占主导地位的生物性依赖，转变为一种包括心理、智力和精神生活的依赖。这个过程从童年期开始，一直持续到成年早期，直到他能够自己维生为止。然而，在这个过程中，孩子对父母的依赖，存在着很大的个体差异。这一切取决于父母在教育子女时期望达到什么目的：是倾向于让孩子坚强、勇敢、独立、能够应对各种各样的情境；还是倾向于保护孩子，使他顺从听话，让他对现实生活毫无经验，或者简而言之，等他长到 20 多岁时，仍然把他当作小孩子来对待。在这种不良环境下成长的儿童，他们的无助通常由于恐吓、溺爱，或者对父母的情感依赖，而被人为地强化了。一个儿童越是无助，就越不敢感受和表现反抗，这种反抗就会被隐藏拖延得越久。在这种情况下，那种潜在的感觉——或者我们可以称之为格言——就是：**我必须压抑我的敌意，因为我需要你。**

大人的威胁、禁令和惩罚，以及儿童亲眼看见的暴怒或暴力场面，都可以直接引起恐惧。不仅如此，恐惧也可以由间接的恐吓所引发，比如给孩子灌输生活中的各种危险——细菌、街头汽车、陌生人、野孩子、爬树，等等。孩子越感到恐惧，就越不敢表现出敌意，甚至不敢去感受敌意。在这种情况下，其格言就是：**我必须压抑我的敌意，因为我害怕你。**

爱可能是让孩子压抑敌意的另一个原因。当父母对孩子缺乏真正的爱时，往往就会在口头上大肆强调自己如何爱孩子，如何为孩子呕心沥血、自我牺牲。一个在这种环境下长大的孩子，尤其是当他又不断受到外界恐吓时，很可能会紧紧地抓住这种爱的替代品，不敢做出任何反抗，唯恐失去温顺所换回的奖赏。在这种情况下，其格言是：**我必须压抑我的敌意，因为我害怕失去爱。**

到目前为止，我们讨论了孩子会压抑自己对父母的敌意的诸多情形，因为他害怕任何敌意的表达都会破坏他与父母的关系。他受到恐惧的驱使，害怕这些强大无比的巨人会遗弃他，收回他们让人安心的慈爱，或者转而反对他。此外，在我们的文化中，孩子经常被教育，若是感受或表达了某种敌意或反抗，就应该感到罪疚；也就是说，他被教育成：如果他对父母感到或表达出愤怒，或者如果他违背了父母制定的规则，那么他会觉得自己一文不值、卑鄙可耻。这两个产生罪恶感的原因是紧密联系在一起的。一个孩子越是因为违反规则而感到罪疚，就越不敢对父母有任何怨恨或责难。

在我们的文化中，性领域就是最常激发罪恶感的一个禁区。不管这种禁令是通过潜在规则来表达，还是通过公开的威胁和惩罚表现出来，孩子都经常感觉到，不仅对性的好奇和性行为是被禁止的，而且如果他沉溺其中，那么他就是肮脏下贱的。如果他对父母中任何一方有任何性幻想和性愿望，那么，即使由于一般的性禁忌没有公开表现出来，他也会感到罪孽深重。在这种情形下，其格言是：**我必须压抑我的敌意，因为如果我怀有敌意，我就成坏孩子了。**

以上提到的这些因素，可能以各种不同的形式组合，然后使一个孩子压抑他的敌意，并最终产生焦虑。

但是，每一种童年期的焦虑最终都会导致神经症吗？以我们目前的知识，还不能恰当地回答这个问题。我个人认为，童年期的焦虑是患上神经症的一个必要条件，但并不是充分条件。创造良好的环境，比如及时改变不利条件，或者通过各种形式消除不利因素的影响，似乎可以预防神经症的形成。然而，正如经常发生的那样，如果生活环境并不能减少焦虑，那么这种焦虑不仅可能持续存在——我们在下文将会看到的——而且它必定会逐渐增强，并推动促成神经症的所有过程。

所有可能影响幼儿期焦虑进一步发展的因素中，有一个是我想特别加以讨论的。敌意与焦虑的反应，仅仅局限于迫使儿童产生这种反应的环境，还是会发展为针对所有人的敌意与焦虑？这两者是有很大区别的。

举例言之，如果一个孩子足够幸运，有一位慈爱的祖母、一位善解人意的老师、一些好朋友，那么他与他们相处的经历，就足以使他避免感到别人都怀有恶意。相反，一个孩子在家庭中的处境越困难，就越容易对父母和兄弟姐妹产生仇恨反应，越容易对所有人产生不信任感或敌意的态度。如果这个孩子十分孤立，不能丰富和拓展自己的经验，这种情况就容易恶化。最后，这个孩子越是掩盖他对自己家庭的怨恨，比如，通过顺从父母的态度来加以掩盖，就越会把自己的焦虑投射到外部世界，并因此认定整个"世界"都是危险的、可怕的。

这种对"世界"的普遍焦虑，有可能会逐渐发展或增强。一个在上述环境中长大的孩子，在与其他孩子的交往中，不敢像他们那样有进取心、冒险或好斗。他会失去被人需要这样最幸福的感觉，甚至会把无害的玩笑也当作残忍的拒绝。他会比其他孩子更容易受到伤害，更没有能力保护自己。

由上述因素或相似因素所促成的状态，是一种在内心不断增长的、无所不在的孤独感，以及置身于一个敌对世界中的无助感。对个别环境因素做出的许多激烈反应，就会慢慢形成一种性格态度。这种态度本身不会构成神经症，但它是一块肥沃的土壤，在任何时候都可能发展出一种特定的神经症。由于这种态度在神经症中发挥着根本性的作用，因此我给了它一个特别的名称：基本焦虑（basic anxiety）。它与基本敌意不可分割地交织在一起。

在精神分析中，修通所有不同个体的种种焦虑之后，我们逐渐地认识到了一个事实，即基本焦虑是所有人际关系的基础。尽管个体的焦虑可能由实际原因所激发，但在实际情境中，即使没有任何特定的刺激，基本焦虑也仍然存在。如果把神经症的整个情形比作一个国家动荡不安的状态，那么基本焦虑和基本敌意，就类似于人们对政治体制的潜在不满与反抗。在这两种情况下，我们可能完全看不出任何表面迹象，也可能它们会以各种不同的形式表现出来。在国家中，它们可能表现为暴动、罢工、集会、游行示威；而在心理领域也是一样，焦虑可能会表现为各种各样的症状。不管被何种特定事物所刺激，焦虑所有的外在表现都来源于一个共同的背景。

在单纯的情境神经症中，并不存在基本焦虑。情境神经症是个体对实际冲突情境做出的神经症反应，而这些人的人际关系并未受到干扰。下面的案例或许可以作为这种情况的一个例子，它们经常出现在心理治疗的实践中。

一名 45 岁的妇女抱怨说，她晚上老是心跳加速，焦虑不安，并伴有大量盗汗。在她身上没有任何器质性的病变，所有的证据都表明，她是一个健康的人。她给人的印象是一个热心肠和直爽的女人。20 年前，出于外界原因而非本人意愿，她嫁给了一个比自己大 25 岁的男人。不过，他们一直生活得很幸福，在性方面也很和谐，有三个孩子，都发育得很好。她勤劳能干，善于持家。近五年来，她的丈夫变得有些暴躁，性能力也大不如前，但她忍受了这一切，没出现任何神经症反应。问题开始于七个月前，当时，一个与她年纪相仿、讨人喜欢、可以托付终身的男人对她大献殷勤。结果，她开始对年迈的丈夫产生了怨恨，但考虑到自己整个的心理和社会背景，以及基本美满的婚姻关系，她完全压抑了这种情感。在几次面谈的帮助之下，她最终能够坦然面对冲突的情境，并因此摆脱了焦虑。

把性格神经症案例中个体的反应，与上文提到的纯粹情境神经症案例中个体的反应做个比较，最能说明基本焦虑的重要性。情境神经症出现在健康的人身上，他们由于可以理解的原因而无法有意识地解决冲突情境，也就是说，他们无法面对这种冲突的存在及其性质，因此无法做出明确的决定。这两种神经症有一个明显的区别，那就是：情境神经症比较容易获得治疗效果；而性格神经症的治疗往往会遇到极大的困难，并因此需要持续很长一段时间，而有时等待的时间太长，以至于患者还未治愈就退出了。对造成问题的情境所做的清晰明了的讨论，经常不仅可以治疗症状，还可以治疗病因。在某些情况下，这意味着通过改变环境就可以消除困扰。[1]

因此，对于情境神经症，我们会有一种印象，即冲突情境与神经症反应之间存在某种恰当的关系；而在性格神经症中，这种关系似乎并不存在。由于基本焦虑的存在，即使最轻微的刺激也可能引发最强烈的反应，这一点我们将在后文中进行详细讨论。

尽管焦虑的外在表现，或者说为对抗焦虑而采取的防御措施，其范围无限大，且因人而异，但无论何时何地，基本焦虑或多或少都是一样的，只是在程度与强度上有所差异。或许，我们可以粗略地把它描述为这样一种感觉：自觉渺小、无足轻重、绝望无助、被遗弃、受到威胁，仿佛置身于一个充满谩骂、欺骗、攻击、侮辱、背叛、嫉妒的世界。我的一个患者在她自发画的一幅画中表达了这种感觉：在画中，她坐在一个场景中央，化身为一个瘦弱、无助、赤身裸体的小婴儿，周围环绕着各种可怕的怪物、人和动物，随时准备攻击她。

我们常常会发现，精神病患者对这种焦虑的存在有着敏锐的意识。在偏执狂患者身上，这种焦虑被限制在一个或几个特定的

1　在这些情况下，精神分析既无必要，也不可取。

人身上；而精神分裂症患者，通常对周围世界中潜在的敌意都极其敏感，以至于他们很容易把别人的善意也当作潜在的敌意。

然而，在神经症患者当中，很少有人意识到基本焦虑或基本敌意的存在，至少没有意识到它们对其整个人生的影响和意义。我有一位患者，她曾梦见自己变成一只小老鼠，为了避免被人踩到，不得不整天躲藏在洞里。事实上，这正是她现实生活的真实写照。她丝毫没有认识到，自己确实害怕所有人，还告诉我她不知道什么叫焦虑。对神经症患者而言，对所有人都不信任的基本敌意，可以被一种表面的信念掩盖起来，即相信人通常都是非常可爱的；与此同时，他还可以与别人建立一种敷衍了事的友好关系；而对每个人都存在的深深的蔑视，也可以通过随时称赞别人而加以伪装。

尽管基本焦虑的对象是人，但它也可以完全摆脱其人格特征，转化为对暴风雨、政治事件、细菌、意外事故、罐头食品感到焦虑，或转化为对命中注定、劫数难逃感到焦虑。对训练有素的观察者来说，要认清这些态度的基础并不难。但是，要让神经症患者本人认识到这一点，即他的焦虑实际上并不是针对细菌之类，而是人，则往往需要大量深入细致的精神分析工作。而且，神经症患者对他人的恼怒，也不是或者不只是对某些实际挑衅的恰当反应，而是因为他对别人形成的基本敌意和不信任。

在描述基本焦虑对神经症的影响之前，我们必须先讨论一个可能藏在许多读者心中的疑问。那就是：这种对他人的基本焦虑和敌意的态度，被说成是神经症的基本构成因素，难道它不是一种"正常"的态度吗？难道不是每个人私下里都有一些焦虑和敌意（可能程度较轻）吗？在考虑这个问题时，我们必须区分两种观点。

如果"正常"这个词指的是一种普遍的人类态度，那我们可以说，基本焦虑确实是一种正常的态度，正如德国哲学和宗教的语言所谓的"生之苦恼"（Angst der Kreatur）。这个短语的意思是，事实上，我们所有人在面对比自己更强大的力量时都是无助的，如死亡、疾病、衰老、自然灾害、政治事件、意外事故等。我们第一次意识到这一点，是在童年的无助中，但这种认知会伴随我们整个一生。这种"生之苦恼"与基本焦虑一样，也包含了面对强大力量时的无助，但它并不使人对这些力量含有敌意。

然而，如果"正常"是从我们文化的角度而言，那我们可以这么说：一般而言，在我们的文化中，只要一个人的生活不是受到太多庇护，经验通常会使他在成熟时变得更小心谨慎，不容易相信别人；让他更熟悉这一事实，即通常情况下，人们的行为并不是坦率直接的，而是会因为懦弱和私心而变化。如果他是一个诚实的人，他还会把自己也包括在内；如果他不够诚实，他会在别人身上更清楚地看到这一点。简而言之，他会发展出一种与基本焦虑非常相似的态度。然而，它们之间也存在差异：健康成熟的人不会对这些人类的弱点感到无助，在他身上，也不会发现那种神经症态度中不分青红皂白的倾向。而且，他仍然能够与许多人建立真诚的友谊和信任。或许，下面这一事实可以解释两者的区别：健康人所经历的不幸，发生在他能够整合那些不幸经验的年岁里；而神经症患者是在他无法掌控的年岁里遭遇了那些不幸经验，而且孤立无援使他产生了焦虑的反应。

就一个人对自己、对他人的态度而言，基本焦虑有着特定的含义。它会造成情感上的隔离，如果个体的内心还有种软弱感，那么这种隔离会更让人难受。它意味着削弱了一个人自我信任的基础。它在人们心中播下了潜在冲突的种子，因为一方面他们急切地想要依赖别人，而另一方面又因为深深的怀疑和敌意而无法依赖别人。它意味着，由于内在的软弱感，个体想把所有责任都推给别人，想要被保护、被照顾，但由于基本敌意的存在，他对别人怀有太多的不信任，以至于这一愿望无法实现。因此，不可避免的结果就是，他不得不花费绝大部分的精力去寻求安全保障。

焦虑越是难以忍受，保护手段就必须越彻底。在我们的文化中，人们尝试用四种方法来保护自己免受基本焦虑的困扰，它们是：爱、顺从、权力和回避。

第一，人们设法获得任何形式的爱，以有效地对抗焦虑。其格言是：**如果你爱我，你就不会伤害我。**

第二，顺从也是人们保护自己免受焦虑的一种方法。根据顺从是否涉及特定的人或制度，可以粗略地对其做进一步划分。一种顺从是有特定的焦点，比如顺从标准化的传统观念，顺从某些宗教仪式，顺从某个权威人物的要求。遵从这些规则或顺从这些要求，将是个人所有行为的决定性动机。这种态度可能会表现为不得不"听命"，尽管"听命"的内容会随所遵循的要求或规则的不同而不同。

当顺从的态度不依附任何制度或个人时，它会采取一种更普遍的形式，表现为顺从任何人的潜在愿望，并且避免所有可能引起怨恨的事情。在这种情况下，个体压抑了自己的所有需求，压抑了对他人的批评，甘愿让自己被虐而不自卫，并且随时准备不加选择地帮助他人。偶尔人们会意识到自己行为的背后潜藏着焦虑，但大多数情况下，他们完全意识不到这一点，而且还坚信，他们这样做是出于大公无私或自我牺牲的理想，以至于放弃了自己的个人愿望。无论是特定的顺从形式，还是普遍的顺从形式，其格言都是：**如果我屈服，我就不会受到伤害。**

这种顺从的态度也可以服务于这一目的：借助爱来获得安全感。如果爱对一个人来说非常重要，以至于他在生活中的安全感都依赖于此，那么，他会愿意为它付出任何代价，也就意味着他会顺从他人的意愿。然而，更多时候，这些人无法相信任何一种爱，因此他的顺从态度不是为了赢得爱，而是为了赢得保护。有些人只有通过严格的顺从，才能获得安全感。在他们身上，焦虑非常强烈，对爱的怀疑又如此彻底，以至于根本不可能得到爱。

第三种保护自己对抗焦虑的尝试是通过权力——试图通过获得实际的权力、成就、财富、崇拜、智力优势来获得安全感。在这种获得保护的尝试中，其格言是：**如果我拥有权力，就没人能伤害我。**

第四种保护手段是回避。上面所说的三种保护措施都有一个共同点，即愿意与世界角逐，以这种或那种方式与之周旋。然而，从现实世界中退出来，同样也可以实现这种保护。这并不是说要走进旷野，或者过着隐居的生活，而是说不去依赖他人，即使那个人对自己的内在需要或外在需要有着影响。外在需要方面的独立，可以通过囤积财产来实现。这种占有的动机完全不同于为了权力或影响力而占有，而且对占有物的使用也是不同的。凡是为了独立自主而囤积物品，占有者通常都会感到很焦虑，以至于无法享用占有的快乐。他们通常都具有一种吝啬节俭的态度，因为占有的唯一目的就是应付各种不时之需。另一种服务于同一目的、使自己在外在需要方面独立于他人的方法，是将个人的需求缩减到最低限度。

内在需要方面的独立，可以表现为试图在情感上脱离他人，这样就不会受到伤害或者让自己失望了。它意味着压抑个人的情感需要。这种超然的体现之一，就是对任何事情都不在乎的态度，包括对自己，这种态度在知识分子的圈子里很常见。对自己不在乎，并不意味着不重视自己。事实上，这两种态度可能是相互矛盾的。

这些回避的方法，与顺从或服从的方法有共同之处，两者都包含了放弃自己的愿望。但在顺从类型中，放弃个人愿望是为了"听命"或顺从他人的愿望，以便能获得安全感；而在回避类型中，"听命"的想法根本就不存在，放弃个人愿望是为了获得独立，不依赖于他人。这里的格言是：**如果我退避三舍，就没什么能伤害我了。**

为了评估这些抵抗基本焦虑的防御措施在神经症中所起的作

用，我们有必要认清它们的潜在强度。它们的动机不是为了满足对快乐或幸福的渴望，而是为了获得安全感。然而，这并不意味着，它们在任何方面都不如本能驱力那么强大或紧迫。经验表明，追求某种野心所产生的影响可能与性冲动一样强烈，甚至更强烈。

只要生活环境允许这样做而不会招致任何冲突，那么无论单独使用这四种手段中的某一种还是混合使用，都可以有效地给个体带来想要的安全感——尽管这种片面的追求通常会导致整个人格的萎缩。例如，在要求女性服从家庭或丈夫、顺从各种传统形式的文化中，一个采取顺从方式的女人，可能就会得到安宁和许多次要的满足。再例如，一位不懈地攫取权力和财富的君主，可能会同样拥有安稳和成功的生活。然而，事实上，片面地追求一个目标往往会导致失败，因为它所设定的要求非常过分或者不顾及他人，所以往往与周围环境发生冲突。更常见的情况是，人们并非仅仅通过一种方式，而是通过几种方式——而且是几种互不相容的方式，从巨大的潜在焦虑中寻求安全感。因此，神经症患者可能同时被几种强迫性需要所驱动：既想支配所有人，又希望被所有人爱；既顺从他人，又将个人意志强加于人；既疏远他人，又渴望得到他们的爱。正是这些完全无解的冲突，构成了神经症最常见的动力核心。

最经常发生冲突的两种尝试，是对爱的追求和对权力的追求。因此，在接下来的章节中，我将更详细地讨论这两种尝试。

从原则上说，我所描述的神经症结构与弗洛伊德的理论并不矛盾。弗洛伊德认为，大体而言，神经症是本能驱力和社会要求（或社会要求在"超我"中的体现）相冲突的结果。然而，尽管我也同意个体愿望和社会压力之间的冲突是神经症的必要条件，但我并不认为它是一个充分条件。个人愿望和社会要求之间的冲突，并不必然导致神经症，而可能只是带来生活中的某些实际限制，即对种种欲望的简单压制或压抑，或者简而言之，带来现实的痛苦。只有这种冲突产生了焦虑，而且缓解焦虑的尝试反过来又导致了各种防御倾向——这些防御倾向虽然必要，但又互不相容，这时神经症才会产生。

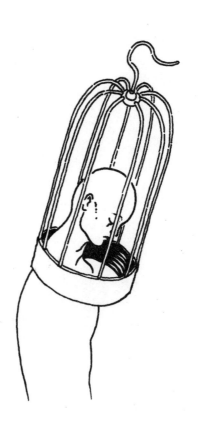

第 6 章

对爱的神经症需求

毫无疑问，在我们的文化中，前文所述的四种保护自己免受焦虑的方法，在许多人的生活中都可能起着决定性作用。有些人最主要的追求是得到爱或认可，为了实现这个愿望不惜付出任何代价；有些人倾向于顺从、屈服他人，从来不自作主张；有些人的全部努力就是希望获得成功、权力或财富；还有些人倾向于把自己与他人隔绝，独立于他人。然而，人们可能会提出这样的问题：我宣称这些努力代表了保护自己免受基本焦虑的困扰，这种说法是否正确？难道它们不是人类正常能力范围内的各种驱力的表达吗？这一争论的错误在于，它采取了非此即彼的形式来看待问题。实际上，这两种观点既不矛盾，也不排斥。对爱的渴望、顺从的倾向、对影响力或成功的追求，以及退缩的倾向，可以以各种不同的组合方式存在于我们所有人身上，而丝毫没有神经症的征象。

　　而且，这些倾向中的或此或彼，有可能是某种文化中的主要态度。这一事实再次表明，这些倾向完全可能是人类的正常潜能。正如玛格丽特·米德（Margaret Mead）[1]所述，在阿拉佩什（Arapesh）文化中，爱的态度、母爱的关怀，以及顺从他人的愿望，是完全占据主导地位的；又如鲁思·本尼迪克特（Ruth Benedict）[2]所指出的，在夸扣特尔人（Kwakiutl）中，以相当残酷的方式追求名誉是一种公认的模式；至于与世无争、脱离红尘，则是佛教中的主要倾向。

我提出这一观点，并不是要否认这些驱力的正常特性，而是主张它们全部可以用来对抗焦虑，获取安全感。只是，一旦被用作保护的手段，它们的性质就发生了改变，变成了某种完全不同的东西。我可以借用一个比喻来解释这种不同。我们有时爬树，是因为想要测试自己的体力和技能，或者想要从高处鸟瞰风景；但有时爬树，则是因为一只野兽在身后穷追不舍。尽管在这两种情况下，我们都爬上了树，但爬树的动机却完全不同。在第一种情况下，我们爬树是为了娱乐；在第二种情况下，我们则是受恐惧驱使，出于安全的需要。在第一种情况下，我们可以爬树，也可不爬，完全自由；在第二种情况下，我们却是迫不得已，必须爬上去。在第一种情况下，我们可以寻找一棵自己最满意的树；在第二种情况下，我们别无选择，必须爬上离自己最近的那棵树，而且它未必是一棵树——它可以是一根旗杆，也可以是一栋

---

1 玛格丽特·米德（1901—1978），美国人类学家，曾担任美国自然史博物馆馆长、美国人类学会主席，美国现代人类学最重要的学者之一，被誉为"人类学之母"。——译者注

2 鲁思·本尼迪克特（1887—1948），美国人类学家，20世纪初著名的学者，其代表作有《文化模式》《菊与刀》等。——译者注

房屋，只要它能够起到保护作用。

这种动机的不同也会导致感受和行为的不同。如果我们内心有一种直接的、想要获得满足的愿望，那么我们的态度将是自发的、有选择的。然而，如果我们被焦虑所驱使，我们的感受和行为将是强迫性的、不加选择的。当然，其中有一些中间地带。在一些本能的驱力中，比如饥饿和性，很大程度上取决于个人需求被剥夺所造成的生理饥渴的程度。这种生理饥渴可能累积到了一定程度，以至于满足它的行为是强迫性的、不择对象的。而这两种特性，本应是由焦虑所决定的驱力的特征。

而且，个体获得的满足也有所不同。一般而言，快乐和安全给人的感觉是有区别的。[1] 然而，这种区别乍看起来并不明显。饥饿或性等本能冲动的满足是一种快乐，但如果生理需求受到长久压抑，那么所获得的满足，就非常类似于从焦虑中获得解脱的感觉。在这两种情况下，都有一种从难以忍受的紧张中解脱出来的舒适感。至于在强度上，快乐和安全给人的感觉可能同样强烈。比如性的满足，尽管在性质上不同，却可能与一个人突然从巨大的焦虑中解脱的感觉一样强烈。同时，一般而言，对安全感的追求，不仅可能和本能冲动一样强烈，而且可能会带来同样强烈的满足感。

1　哈里·斯塔克·沙利文在《关于社会科学研究中精神病学内涵的札记：人际关系研究》（*A Note on the Implications of Psychiatry, the Study of Interpersonal Relations, for Investigation in the Social Sciences*）一文中指出，对满足和安全的追求，体现了一种调节生活的基本准则。此文载于《美国社会学杂志》（*American Journal of Sociology*）第 43 卷（1937）。

正如我们在上一章讨论过的，对安全感的追求中，同样也包含着其他次级（secondary）的满足源。例如，除了获得安全感本身之外，被爱的感觉、被欣赏的感觉，以及获得成功或影响力，也可以带来极大的满足感。此外，正如我们将要看到的，获得安全感的各种不同途径，都可以使受压抑的敌意得到宣泄，并因此提供了另一种缓解紧张的途径。

我们已经知道，焦虑可能是某些驱力背后的动力，而且我们大致考察了由此产生的几种最重要的驱力。现在，我将更详细地讨论在神经症中实际上起着最大作用的两种驱力：一是对爱的渴求，二是对权力和控制的渴求。

对爱的渴求在神经症患者身上极其常见，训练有素的观察者很容易就能识别出来，因此，可以将其视为现存焦虑及其大致强度可靠的指标之一。事实上，如果我们面对一个总是充满威胁和敌意的世界，并从根本上感到绝望无助的话，那么，对爱的寻求似乎是最合乎逻辑和最直接的方式，以帮助我们寻找各种仁爱、帮助或是赏识。

如果神经症患者的心理状况，如他自己经常所想的那样，那么他应该很容易获得爱。如果我可以用语言表达他心中的感受，情况大概是这样的：他所需要的东西是如此之少，只是希望人们对他友善，给他建议，赏识他这个可怜的、无害的、孤寂的灵魂；他迫切地想给别人快乐，不想伤害任何人的感情。这就是他所见或所感的一切。患者没有意识到自己的敏感、潜在的敌意、苛刻的要求，对他的人际关系产生了多么严重的干扰。他也无法准确判断自己给他人留下的印象，或者别人给他的回应。因此，他感到困惑不解，为什么自己的友谊、婚姻、爱情、工作总是不能令人满意。他倾向于把错误归咎于别人，认为他们不体贴、不忠诚、欺负人；或者出于某种不可知的原因，他缺乏受人欢迎的天赋。因此，他总在不断地追逐爱的幻影。

如果读者还记得我们前面的讨论，即受到压抑的敌意如何导致焦虑，以及焦虑反过来又如何导致敌意，换句话说，焦虑与敌意如何不可分割地交织在一起，那么，就不难发现神经症患者思维中的自我欺骗，以及他遭遇失败的原因。神经症患者没有意识到这一点，因此会陷入这样的困境：他自己没有能力去爱，却又非常需要他人的爱。在这里，我们遇到了一个看似简单但又难以回答的问题：什么是爱？在我们的文化中，爱究竟意味着什么？有时候，我们会听到对爱的流行定义，即爱是给予和接受情感的能力。尽管这个定义中包含了某些真理，但它过于笼统，无法帮助我们澄清所遇到的困难。我们大多数人都可能在某些时刻充满爱心，但这并不意味着我们有爱的能力。因此，首要考虑的因素应该是这种情感流露出来的态度：这种爱表达的是对他人的一种基本的肯定，还是出于害怕失去他人或者希望将他人置于自己的控制之下？换句话说，我们不能把任何表面的态度都当作标准。

虽然很难说清什么是爱，但我们可以明确地说什么不是爱，或者哪些要素与爱相去甚远。我们可能非常喜欢一个人，但有时也会对他生气，拒绝他的某些要求，或者想一个人独处。但是，这种受环境影响的愤怒或退缩的反应，与神经症患者的态度是完全不同的。神经症患者总是提防着别人，觉得他们对第三个人的任何兴趣都是对自己的忽视，并把任何要求都视为强迫，或者把任何批评都当作羞辱。这并不是爱。爱允许对别人的某些性格或态度提出建设性的批评，以便在可能的情况下帮助他纠正。但是，要求他人尽善尽美，提出令人难以忍受的要求并不是爱，就像神经症患者经常做的那样，这种要求中暗含着一种敌意："如果你不完美，就见鬼去吧！"

如果我们发现有人利用他人，仅仅把他人当作实现某种目的的手段，或者说，仅仅因为对方能够满足自己的某些需要，我们也会认为这并不符合我们对爱的观念。当某个人仅仅为了性的满足而需要对方，或者仅仅为了获得名誉而和对方结婚时，这一点表现得非常明显。但在这里，这个问题也很容易变得模糊，特别是如果这种需要是精神上的。一个人可以自欺欺人，相信自己深爱着对方，即使他只是出于盲目的崇拜而需要对方。然而，在这种情况下，一旦他开始变得挑剔，对方就可能会被突然抛弃，甚至遭到他的敌视。这时，偶像失去了崇拜的功能，而他之所以被爱，正是由于这种崇拜。

然而，在讨论什么是爱、什么不是爱时，我们必须小心谨慎，切不可矫枉过正。虽然爱一个人不能容忍利用对方来获得某种满足，但这并不意味着爱必须是完全利他和彻底奉献的。同样，那种不需要对方为自己有任何付出的情感，也不能被称为爱。任何表现出这种想法的人，实际上暴露了自己不愿付出爱的心理，并不代表他们对爱有多么成熟的看法或信念。我们当然希望能从所爱的人那里得到一些东西——我们希望得到满足、忠诚、帮助；如果有必要的话，我们甚至希望对方为自己有所牺牲。一般来说，能够表达这样的愿望，甚至为它们而奋斗，都是心理健康的表现。真正的爱和对爱的神经症需求之间的区别在于：在真正的爱中，爱的情感是首要的；而在神经症患者身上，首要的情感是对安全的需求，而对爱的幻觉是次要的。当然，两者之间还存在各种不同的中间状态。

如果某个人需要别人的爱，是为了获得对抗焦虑的安全感，那么在他的意识里，问题通常会变得模糊不清。因为一般说来，他并不知道自己内心充满了焦虑，也不知道自己不顾一切想抓住任何一种爱，目的是获得安全感。他所感觉到的，只是这里有一个他喜欢或信任的人，或者一个他迷恋的人。但他所认为的自发的爱，很可能只是对自己所受恩惠的感激之情，或者只是由某个人或某种情境所激起的希望或温情。那个有意无意在他身上唤起这种预期的人，将自动地被赋予某种重要性，而他对那个人的情感则会表现为爱的幻觉。这种预期可能由某些简单的事实所唤起，例如，一个很有权势和影响力的人对他非常友善，或者一个给人印象很有安全感、非常独立的人待他很友好。这种预期也可以由高涨的色欲或性欲所唤起，尽管这些欲望可能与爱全然无关。这种预期还可能以现有的某种关系为基础，这种关系中暗含着帮助或支持的承诺，比如与家人、朋友、医生的关系。这种关系大多打着爱的幌子，换言之，在主观上认为自己不能离开对方，但实际上，这种爱不过是为了满足自己的需要而依附他人。

这并不是一种真正的、可靠的情感，只要任何愿望没有被满足，这种关系随时会出现大逆转。我们所认为的爱情的基本因素——情感的可靠性和坚定性，在这种情况下根本就不存在。

我曾暗示过缺乏爱的能力的决定性特征，但我还是想在此强调一下，即对他人的人格、特性、限制、需要、愿望以及发展的忽视。这种忽视，在某种程度上是焦虑的结果，焦虑促使神经症患者紧紧依附于他人。例如，一个溺水的人，一旦抓住一个游泳者，通常不会考虑对方是否愿意、有无能力带他上岸。这种忽视，在一定程度上也是对他人的基本敌意的表达，其中最常见的内容是轻视和嫉妒。它可能被患者竭力表现出来的体贴，甚至是为对方牺牲的态度所掩盖，但这些努力通常不能阻止某些异常反应的出现。例如，一位妻子可能在主观上相信自己深爱着丈夫，但当丈夫专注于自己的工作、兴趣或朋友时，她就会心生怨恨，抱怨个不停，或者闷闷不乐。一位过于保护孩子的母亲可能会深信，她所做的一切都是为了孩子的幸福，但她却从根本上忽视了孩子独立发展的需要。

那些把追求爱作为保护手段的神经症患者，几乎从未意识到自己缺乏爱的能力。他们中的大多数人都会把自己对他人的需要误当作爱的情愫，不管是对个人，还是对整个人类，都是如此。他们拥有迫切的理由去坚持和捍卫这种错觉。放弃这一错觉，就意味着要面对以下这个困境：一方面，自己对他人怀有基本的敌意；另一方面，又想要得到他人的爱。我们不可能一方面看不起一个人，不信任他，想要破坏他的幸福或独立；另一方面又渴望得到他的爱、帮助和支持。为了达成这两个在现实中互不相容的目的，我们必须严格地把内心的敌意倾向从意识中驱除。换句话说，这种爱的幻觉，虽然把真正的爱和需要混为一谈，但它确实使个人对爱的追求成为可能。

　　神经症患者在满足自己对爱的饥渴时，还会遭遇另一个基本的困难。尽管他可能成功地获得了自己想要的爱，哪怕只是暂时的，但他并不能真正接受这种爱。我们可能认为，他会欢迎任何给予他的爱，就像口渴的人渴望喝水一样。事实上，这种情形确实会发生，但可能只是短暂的。每一位医生都知道，体贴和仁爱会产生什么效果。即使没有进行任何治疗，只是对患者进行彻底的检查和医疗护理，所有生理的和心理的困扰也可能突然消失。伊丽莎白·巴雷特·勃朗宁（Elizabeth Barrett Browning）[1]就是这种情况的一个著名例子。即使在性格神经症患者身上，这种关注，不管是爱、兴趣，还是医疗护理，都可能足以缓解焦虑，并因此改善患者的状况。

　　任何一种爱，都可以给神经症患者表面的安全感，甚至是幸福感，然而，在其内心深处，他并不相信这种爱，或者充满了怀疑和恐惧。他不相信这种爱，是因为他坚信没有人会爱他。这种不被人爱的感觉，通常是一种有意识的信念，不会因任何相反的

1　伊丽莎白·巴雷特·勃朗宁（1806—1861），又称勃朗宁夫人，英国著名女诗人。15岁那年，不幸骑马跌损脊椎，从此卧床不起。在39岁时，结识了诗人罗伯特·勃朗宁并终成眷属，婚后她的身体逐渐康复，那充满哀怨的生命从此打开了新的篇章。——译者注

事实经验而动摇。确实，它可能被认为是理所当然的，以至于人们在意识中从未做过思考。但即使它难以言状、模糊不清，它仍然是一个不可动摇的信念，就像它一直被人们意识到一样。同样，它也可能被一种"我不在乎"的态度所掩盖，患者经常表现出玩世不恭、骄傲自大，这样就令人更难发现这一信念了。这种确信自己不被人爱的信念，与缺乏爱的能力是非常相似的；事实上，前者是后者的一种有意识的反映。一个能够真正爱别人的人，绝不会怀疑别人是否爱自己。

如果这种焦虑真的根深蒂固，那么任何关爱都会遭到怀疑；而且，患者会立刻认为这种爱是别有用心的。例如，在精神分析中，神经症患者会认为，分析师之所以想帮助他们，仅仅是出于他们自己的抱负；或者分析师会说一些鼓励或欣赏的话语，仅仅是出于治疗的目的。我有一个患者，在她情绪极不稳定的一段时期里，我主动提出周末为她治疗，但她将此视为一种直接的羞辱。公开表达的爱，很容易被当作一种奚落。如果一个有魅力的女孩向一个神经症患者公开示爱，那么他很可能将其看作一种捉弄，甚至是别有用心的挑衅，因为他难以想象，这个女孩真的会爱他。

对这种人示爱，不仅可能引起怀疑，还可能会激起实际的焦虑。就好像屈服于这样一种爱，就意味着落入了一张巨大的蜘蛛网；或者相信了这样一种爱，就意味着生活在食人族中却被解除了武装。当一个神经症患者意识到有人真心喜欢他时，很可能会产生巨大的恐惧。

最后，这种爱还可能会引起神经症患者对依赖的恐惧。正如我们很快就会看到的，对一个没有他人的爱就无法生存的人来说，情感上的依赖是一种真正的危险，因此，任何与之稍有相似的事物，都可能会激发他不顾一切的反抗。这种人必定会不惜一切代价避免任何积极的情绪反应，因为这种反应会立即招致依赖他人的危险。为了避免这种危险，他必须蒙蔽自己，不让自己意识到他人是友善的或乐于助人的；他会想方设法地抛弃所有爱的证据，同时在自己的感受里，坚持认为他人是无情的、冷漠的，甚至是恶意的。这种情况就像一个人饥肠辘辘，却不敢吃任何东西，因为他担心自己会中毒。

简而言之，对一个被基本焦虑所驱使并因此寻求爱的人来说，得到这种异常渴望的爱的机会是非常渺茫的，因为他将爱作为了一种获得保护的手段。正是这种产生需求的情境，本身就干扰了这种需求的满足。

第 7 章

对爱的神经症需求的更多特征

大多数人都希望被人喜欢，享受被人喜欢的感觉；如果不被别人喜欢，就可能会心生怨恨。正如我们说过的，对儿童而言，这种被人需要的感觉，对他的均衡发展至关重要。然而，哪些特征可以表明人们对爱的需求成了神经症（病态的）需求呢？

我认为，武断地把这种需求称为幼儿的需求，不仅冤枉了儿童，而且还忽略了一个事实，即构成对爱的神经症需求的基本因素，与幼稚没有任何关系。幼儿的需求和神经症需求只有一个共同点——无助感，但在这两种情况下，无助感的基础也不尽相同。除此之外，神经症需求是在完全不同的先决条件下形成的。在此重申，这些条件是：焦虑、感觉不被人爱、不能相信任何爱，以及对所有人怀有敌意。

因此，对爱的神经症需求，给我们留下深刻印象的第一个特征，就是它的强迫性（compulsiveness）。只要一个人被强烈的焦虑所驱使，结果必然是丧失自发性和灵活性。简单地说，这意味着对神经症患者来说，爱不是一件奢侈品，也不是额外的力量或快乐的源泉，而是他维持生命的必需品。这两者的区别是，一个是"我希望被人爱，我享受被爱的感觉"，另一个是"我必须被人爱，为此不惜任何代价"。或者是这样的区别：一个人吃东西，是因为他胃口很好，可以享受他的食物，并对食物有所选择；而另一个人吃东西，是因为他快饿死了，必须不加选择地吃任何食物，并为此不惜任何代价。

这种态度必然会导致人们高估被人爱的实际意义。事实上，让所有人都喜欢自己，这一点并不重要。让某些人喜欢我们，才是重要的。这些人是我们关心的人，是我们必须与之一起工作或生活的人，或者是我们希望给对方留下好印象的人。除了这些人之外，我们是否受其他人喜欢，实际上无关紧要。[1]然而，神经症患者表现出的感受和行为，就好像他们的安全、幸福和存在，完全取决于自己是否被人喜欢。

他们的欲望可以不加分别地依附于每一个人，从理发师、聚会上遇到的陌生人到他们的同事和朋友，再到所有的男男女女。因此，一声问候、一个电话或一次邀请，如果稍微热情点或冷淡点，都可能会改变他们的心情以及他们对人生的看法。在这里，我必须提到一个相关的问题，就是神经症患者缺乏独处的能力，程度因人而异，或因独处而坐立不安，或对孤独特别恐惧。我说的不是那些本来就百无聊赖的人，他们只要独处就会觉得索然无

---

1 这种说法在美国也许会遭到反对，因为在美国文化中，受到公众喜爱已经成为所有人奋不顾身的目标之一。因此，在美国，被他人喜欢，具有在其他国家中不具有的意义。

味，而是指那些聪明能干、精力充沛的人，他们可以独自享受许多其他事情。例如，我们经常会看到一些人，只有别人在场时，他们才能够工作；如果必须独自工作，他们就会感到不安和不快乐。这种对同伴的需要，也许还受其他因素影响，但总的来说，它体现了一种模糊的焦虑、一种对爱的需要，或者更确切地说，是对人际关系的需要。这些人会有一种在人世间孤苦伶仃的感觉，任何人际接触对他们来说都是一种安慰。我们有时可以观察到，比如在一次实验中，这种无法独处的状态会随着焦虑的增加而加剧。有些患者，只要感觉置身于自己设置的保护墙内，他们就能够独处。但只要他们的保护机制被心理分析有效地瓦解，焦虑就会随之而起，他们就会发现自己再也不能忍受孤独了。这种暂时性、过渡性的损伤，在分析过程中是无法避免的。

对爱的神经症需求可能集中在某个人身上，比如丈夫、妻子、医生、朋友。如果是这样的话，那个人的忠诚、关心、友谊和陪伴就会变得无比重要。然而，这种重要性具有一种矛盾的性质。一方面，神经症患者会寻求他人的关注和陪伴，害怕被人讨厌，一旦对方不在身边，他就会感到被忽视；而另一方面，当他与自己的偶像在一起时，却丝毫感觉不到快乐。如果他意识到这一矛盾，通常会迷惑不解。但根据之前我所说的，很显然，这种希望他人陪伴的愿望，并不是一种真正的爱，而仅仅是对安全感的需要，这种安全感源于有人在他身边。（当然，真正的爱和对爱的需求可能同时存在，但它们并非完全一致。）

对爱的渴求也可能局限于某些群体，也许是某个有着共同利益的团体，如政治团体或宗教团体；或者，它可能局限于某种性别。如果对安全感的需要仅限于异性，那么这种情况表面上看可能是"正常的"，而当事人也通常会辩称这是"正常的"。例如，有些女人如果身边没有男人，她们就会感到悲凉和焦虑；她们会开始一段新的恋情，但过不了多久就会分手，然后又开始感到悲凉和焦虑，于是又开始另一段恋情，如此循环往复。这并不是真正渴望恋爱关系，因为这些关系充满了冲突，根本不能令人满意。相反，这些女人不加区分地选择任何男人；她们只需要有男人在身边，而并不喜欢他们。通常，她们甚至连生理上的满足也未曾得到。当然，在现实中，整个情形会更加复杂；我只是强调焦虑和对爱的需求在其中发挥的作用。[1]

我们在男人身上也可以发现相似的模式。他们会有一种想要被所有女人喜欢的冲动，而与其他男人在一起时，他们就会感到很不自在。

如果这种对爱的需求集中在同性身上，那么它很可能是潜在或明显的同性恋的决定因素之一。如果接触异性的途径被过多的焦虑所阻碍，那么对爱的需求就有可能指向同性。当然，这种焦虑不一定会表现出来，而可能被一种对异性的厌恶或冷淡所掩盖。

因为获得爱对神经症患者来说至关重要，所以他会为此不惜

---

1 卡伦·霍妮，《对爱的高估：现代女性心理研究》（*The Overvaluation of Love, A Study of a Common Present-Day Feminine Type*），载于《精神病学季刊》（*Psychoanalytic Quarterly*）第 3 卷（1934），第 605—638 页。

任何代价，而大多数时候他并没有意识到自己在这样做。最常见的付出代价的方式，就是顺从的态度和情感上的依赖。这种顺从的态度可能表现为不敢反对或批评他人，只会表现出忠诚、赞赏和温顺。如果这种类型的人说出批评或贬损的言论，即使这些话语是无害的，他也会感到焦虑不安。这种顺从的态度可能会走向极端，使神经症患者不仅压抑了攻击冲动，还会扼杀一切自我肯定的倾向。他会任由别人欺凌自己，愿意做出任何牺牲，不管这样做对自己伤害有多大。例如，他的自我牺牲可能表现为想要患上糖尿病，因为他所爱的人是从事糖尿病研究的，这意味着他有可能会引起对方的关注。

与这种顺从态度非常相似，并与其交织在一起的是情感上的依赖，这种依赖源于神经症患者想要紧紧地依附于某个承诺保护他的人。这种依赖，不仅会导致无尽的痛苦，甚至还可能毁掉一个人。例如，在某些人际关系中，一个人会无助地依赖另一个人，即使他完全知道这种关系并不可靠。如果他得不到一句善言或一个微笑，就会觉得整个世界都要崩塌了。如果他在苦苦等待一个电话，就可能会产生严重的焦虑。如果别人没有来看他，他就会感到万分凄凉。尽管如此，他还是无法摆脱这种关系。

通常，这种情感上的依赖结构要更为复杂。在一个人完全依赖另一个人的关系中，总是会存在大量的怨恨。依赖者会怨恨自己受到奴役，他讨厌不得不顺从他人，但因为害怕失去对方，只能继续这样做。他不知道是自己的焦虑造成了这种局面，因此他很容易认为，这种被奴役的状态是别人强加给他的。在这一基础上产生的怨恨，必须加以抑制，因为他迫切需要得到别人的爱；而这种压抑反过来又会产生新的焦虑，然后又产生对安全感的需求，从而强化了依赖他人的冲动。因此，在神经症患者身上，情感依赖会导致一种现实的甚至是合理的恐惧，即害怕自己的生活会毁于一旦。当这种恐惧变得非常强烈时，他们就会通过不依附于任何人来保护自己，以对抗这种情感上的依赖。

有时候，一个人对依赖的态度也会发生改变。在经历一次或几次痛苦的体验之后，他可能会盲目地反抗任何与这种依赖相似的事物。例如，一个女孩经历了许多次恋爱，每次都以她拼命地想要依赖某个男人而告终；到最后，她对所有男人都抱着一种超然的态度，只想把他们置于自己的控制之下，而不付出任何感情。

这些过程在患者对待分析师的态度中也很明显。利用分析时间来了解自己，是为了患者的利益，但他经常会忽略自己的利益，试图取悦分析师，赢得他们的关注或赞赏。即使有充分的理由希望尽快结束治疗——因为他在分析中遭受的痛苦或牺牲，或者因为他的时间有限——但这些理由有时似乎变得完全不相干。患者会花几个小时讲述冗长的故事，只是为了从分析师那里得到一个赞许；或者他会设法使每次治疗都让分析师感到有趣，让分析师愉悦，并对他表示钦佩。这种情形可能会走向极端，以至于患者的联想甚至他的梦境都想要引起分析师的兴趣。或者，他可能会迷恋分析师，认为自己唯一在乎的就是分析师的爱，并试图用真挚的情感打动分析师。在这里，不加选择和区分这个因素也很明显，似乎每个分析师都是人类价值的典范，或者完全符合每位患者的个人期望。当然，分析师有可能就是患者在任何情况下都会爱上的那个人，但即使是这样，也不足以解释分析师对病人感情的重要性。

当人们谈到"移情"（transference）时，通常想到的就是这种现象。然而，这个术语并不完全正确，因为移情指的是，患者对分析师的所有非理性反应的总和，而不仅仅是情感上的依赖。在这里，问题并不在于为什么分析过程中会发生这种依赖，因为需要这种保护的人都会紧紧依附于任何一个医生、社会工作者、朋友或家人；问题在于为什么这种依赖会如此强烈，如此常见。答案其实很简单：与其他方法相比，分析还意味着攻破患者针对焦虑建立的防御机制，并因此激发潜藏在保护墙后面的焦虑。正是这种焦虑的增强，导致患者以这种或那种方式紧紧依附于分析师。

在这里，我们再次发现了它与儿童对爱的需求的不同之处：儿童比成人需要更多的爱或帮助，是因为他们更弱小无助，但在他们的态度中并没有任何强迫性的因素。只有那些本来就忧虑不安的儿童，才会寸步不离地依赖母亲。

对爱的神经症需求的第二个特征，也完全不同于儿童的需求，即永不知足（insatiability）。诚然，一个儿童有可能会纠缠不休，要求获得过多的关注，并无休止地证明自己是被爱的，在这种情况下，他就是一个患有神经症的儿童。一个在温暖可靠的环境中长大的健康儿童，会确信自己是被爱的，无须不断地证明这一事实。而且，当他得到所需要的帮助时，他就会感到很满足。

神经症患者的永不知足，可以表现为一种贪婪的性格特质，体现在吃饭、购物、逛街和缺乏耐心等方面。大多数时间，这种贪婪可能被压抑着，但它也可能随时爆发，例如一个平时买衣服很节制的人，在焦虑状态下，却一口气买了四件新外套。总之，它可以像海绵吸水一般温柔缓和，也可以像章鱼抢食一般凶悍残暴。

这种贪婪的态度，以及它所有的变化形式和伴随的抑制，通常被称为"口欲期"态度（ "oral" attitude)[1]，这在精神分析文献中已有详细描述。虽然这个术语背后的理论假设很有价值，因为它们使迄今为止孤立的倾向整合成一个症候群，但认为所有这些倾向都源于口欲期的感觉和欲望，这一点是值得怀疑的。诚然，根据可靠的观察，贪婪经常表现在对食物的需求和进食方式上，这种倾向还会表现在梦中，以一种更原始的方式表现出来，例如食人梦。然而，这些现象并不能证明我们所说的贪婪在源头和本质上与口腔欲望有关。因此，一种更站得住脚的假设应该是：一般而言，进食只不过是满足贪婪感的最直接的方式，不管这种贪婪的来源是什么；就像在梦中，吃是表达未满足的欲望最原始和最具体的象征。

同样，认为"口欲期"态度具有力比多的性质，这一假设也

1　卡尔·亚伯拉罕（Karl Abraham），《力比多的发展史》（*Entwicklungsgesc Mehte der Libido*），载于《医疗精神分析新工作》（*Neue Arieiten zur aerztlichen Psychoanalyse*）第 2 卷（1934）。

还有待证明。毫无疑问，贪婪的态度可能出现在性方面，表现为实际的性欲不满，以及在梦中将性交等同于吞咽或咀嚼。但是，它也会表现为对金钱或衣物的占有欲，或者表现为对权力和名誉的追求。唯一能够用来支持这种力比多假设的说法，就是贪婪的强烈程度与性驱力的强烈程度相当。然而，除非假定所有强烈的驱力都具有力比多性质，否则，就必须证明贪婪本身是一种性驱力——前生殖器期的驱力。

贪婪的问题很复杂，至今尚未定论。像强迫行为一样，它很明显也是被焦虑所引发。贪婪受焦虑制约这一事实可以在很多例子中见到，比如，过度手淫或暴饮暴食等。贪婪与焦虑之间的关系，也可以通过这一事实得到证明：只要一个人以某种方式获得了安全感，比如感到被爱、获得成功、做建设性的工作，贪婪就会减弱甚至消失。例如，一种被爱的感觉可能会突然降低强迫性购物的欲望。再如，一个总是期待各种美食的女孩，一旦开始设计衣服，就会把饥饿和进餐时间忘得一干二净，因为她真的非常喜欢这个职业。另一方面，一旦敌意或焦虑增强了，贪婪就会出现或增强。例如，一个人可能会在登台演出之前，不由自主地想去购物；或者在遭到某种拒绝之后，跑去大吃大喝一顿。

然而，也有很多人虽然焦虑，但没有变得贪婪。这一事实表明，其中仍然有一些特殊的因素在起作用。在这些因素中，可以肯定的是，贪婪的人不相信自己能够创造任何东西，因此必须依赖外在世界来满足他们的需要，但他同时又认为没有人愿意给自己帮助。那些在爱的需求方面贪得无厌的神经症患者，通常在物质方面也表现出同样的贪婪。例如，占用别人的时间或金钱，想要获得具体的建议、实际的帮助、礼物、信息、性的满足，等等。在某些情况下，这些欲望明确地揭示了人们想要获得爱的证明；然而，在其他情况下，这种解释并不是那么令人信服。在后一种情况下，人们会产生这样一种印象，即神经症患者只不过想要得到某些东西，这些东西可能是爱，也可能不是爱。即使这种对于爱的渴望存在，也只不过是一层伪装而已，为了获取某些有形的好处或利益。

这些观察提出了这样一个问题：对物质的贪婪是否是普遍的基本现象？而对爱的需求是否是达到这个目标的唯一途径？这个问题没有被普遍认可的答案。我们将在后面看到，对占有（possession）的渴望，是对抗焦虑的基本防御手段之一。但经验也表明，在某些例子中，对爱的需求，尽管是普遍的保护机制，但可能被压抑得非常深，以至于表面上看不出来。于是，对物质的贪婪可能会持续或暂时地取而代之。

根据爱的作用，可以大致区分出三种类型的神经症患者。在第一种类型中，毫无疑问，他们渴求的就是爱，无论是何种形式的爱，无论以何种方式获得这种爱。

第二种类型的神经症患者也寻求爱，但如果他们在某种关系中没有获得爱——通常他们注定会失败——他们并不会立即转向另一个人，而是从人群中退缩，远离所有人。他们不再试图依附于某个人，而是强迫性地依附于某些事物，比如饮食、购物、读书，总之就是获取一些东西。这一改变有时可能会表现为十分怪异的形式，比如有些人在失恋之后，开始强迫自己进食，结果在很短的时间内体重增加了 20 到 30 磅；如果他们有了新的恋情，他们的体重会再降下来；如果这段恋情又以失败告终，他们的体重又会再次增加。有时候，我们在患者身上也可以观察到同样的行为。他们在对分析师极度失望之后，开始强迫性地进食，体重迅速增加，几乎让人辨认不出来；但当关系理顺之后，他们的体重就会恢复。这种对于食物的贪婪也可能受到压抑，然后表现为食欲不振或某种功能性的肠胃不适。在这一类型的患者中，他们的人际关系比第一类患者受到的干扰更严重。他们仍然想要获得爱，仍然敢于追求爱，但是任何失望都可能破坏他与别人之间的关系。

第三种类型的神经症患者，在早年就遭受过严重的打击，以至于在他们的意识中，对任何关爱都深感怀疑。他们的焦虑是如此之深，只要不受到任何伤害，他们就感到心满意足了。他们可能会对爱采取一种玩世不恭的态度，宁可满足自己实际的愿望，比如物质上的帮助、切实可行的建议、性方面的满足，等等。只有在大部分焦虑消除后，他们才有可能去追求爱、欣赏爱。

这三种类型的神经症患者的不同态度，可以分别总结为：对爱永不知足；对爱的需求与普遍的贪婪交替出现；对爱没有明显的需求，而只有普遍的贪婪。每一种类型都显示了焦虑和敌意在同时增长。

现在，回到我们讨论的主要方向上来，我们要考虑的问题是，对爱永不知足如何以特殊的方式表现出来。主要有两种表现方式：一是嫉妒，二是要求无条件的爱。

神经症嫉妒与正常的嫉妒不同，正常的嫉妒是对有可能失去某种爱的恰当反应，而神经症嫉妒与这种风险完全不成比例。它表现为总是害怕失去对某人的占有，或者总是害怕失去某人的爱，因此，对方可能拥有的任何其他兴趣，对神经症患者来说都是潜在的危险。这种类型的嫉妒可能会出现在每一种人际关系中——父母嫉妒想要交友或结婚的孩子，孩子嫉妒父母之间的关系；这种嫉妒还会出现在夫妻之间，甚至任何一种恋爱关系中。患者与分析师之间的关系也不例外。在医患关系中，它表现为一旦分析师接待另一个人，甚至只是提到另一个人，患者就会表现出强烈的敏感性。其格言是："你必须只爱我一个人。"患者可能会说："我承认你对我很好，但你对别人也许同样好，因此，你对我的好根本就不能说明什么。"对神经症患者而言，任何必须与他人分享的爱或者兴趣，都会因此立刻变得一文不值。

这种不相称的嫉妒，通常被认为来源于童年期对兄弟姐妹或者父母某一方的嫉妒。当手足之争发生在健康的儿童之间时，例如，对新生儿的嫉妒，一旦儿童确信他不会失去迄今为止所有的爱和关注，它就不会留下任何伤疤。根据我的经验，过分的嫉妒发生在童年期并且从来没有克服，是由于童年期的神经症环境类似于成年人遇到的环境，这一点我们在上文中已做描述。在这个孩子身上，早已存在着一种对爱永不知足的需求，这种需求源自一种基本的焦虑。在精神分析文献中，幼儿期嫉妒反应和成人嫉妒反应的关系通常被表达得含混不清，因为成人的嫉妒常被称为幼儿期嫉妒的"重复"（repetition）。如果这个词意味着一位成年妇女嫉妒她的丈夫，是因为她曾经同样地嫉妒过她的母亲，那么这种说法似乎是站不住脚的。我们在孩子与父母或兄弟姐妹的关系中发现的强烈嫉妒，并不是导致后来出现的成人嫉妒的根本原因，而是这两种嫉妒来自同一根源。

对爱的永不知足有一种表现可能比嫉妒还要强烈，那就是追求无条件的爱。这种需求在意识中的常见形式是："我希望你爱我之所是，而不是爱我之所为。"到目前为止，我们可能认为这种愿望没什么异常之处。毫无疑问，我们每个人都希望，他人仅仅因为我们本身而爱我们。然而，神经症患者对无条件之爱的愿望，比正常人的愿望要复杂得多，而且在某些极端形式下，这种愿望是不可能实现的。这种对爱的需求，确切地说，是对毫无条件、毫无保留的爱的需求。

首先，这种需求包括了一种爱他而不计较任何挑衅行为的愿望。对安全感而言，这一愿望是必要的，因为神经症患者在内心隐秘地知道，他的内心充满了敌意和过分的要求，因此不难理解他会产生一种恐惧，害怕如果这种敌意变得明显，对方就会收回对他的爱，或是变得愤怒、对他怀恨在心。这类患者会认为，爱一个可爱之人很容易，没有任何意义；真正的爱，应该证明它能够忍受任何不当的行为。任何批评都会被认为是对方收回了爱。在分析的过程中，分析师对他应该改变人格中某些方面的任何暗示，都可能引起患者的怨恨，即使出于治疗的目的，因为在他看来，任何这种暗示都是在打击他爱的需求。

其次，神经症患者对无条件之爱的需求，包括了一种爱他而不需要任何回报的愿望。这种愿望也是必要的，因为神经症患者深知自己无力感受任何温暖或付出任何爱，而且他也不愿意这样做。

再次，这一需求包括了一种爱他而不给自己带来任何好处的愿望。这种愿望同样是必要的，因为如果对方从这种情境中获得任何好处或满足，都会立刻使神经症患者产生怀疑，认为别人之所以喜欢他，只是为了得到这些好处。在性关系中，这种类型的患者总是嫉妒对方所获得的满足，因为他们觉得自己之所以被爱，仅仅是因为对方想要这种满足感。在精神分析中，这些患者会嫉妒分析师从治疗过程中获得的满足感。他们要么贬损分析师提供的帮助，要么承认自己得到的帮助，却不会心存感激。或者他们倾向于将任何改善归因于其他来源，归因于服用的药物或朋友的话语。当然，他们还会吝啬必须支付的费用。虽然他们可能在理智上承认，这些费用是对分析师的时间、精力和知识的回报，但在情感上，他们却把付费视作分析师对他们不感兴趣的证明。这种类型的患者在送人礼物时可能感到很尴尬，因为礼物让他们不确定自己是否真正被人爱。

最后，对无条件之爱的需求，还包括了一种爱他并且为他牺牲的愿望。只有对方为自己牺牲一切时，神经症患者才能真正感受到被爱。这些牺牲可能涉及时间或金钱，但也可能涉及内心信念和个人正直。例如，这种需求包括期望对方，无论在什么情况下，哪怕大难临头，都要跟自己站在一起。有些母亲天真地认为，从子女那里获得各种盲目的奉献和牺牲，是理所当然的，因为她们经历了"巨大的痛苦"把他们生下来。有些母亲则压抑了她们想要获得无条件之爱的愿望，所以她们能够为子女提供大量积极的帮助和支持。但是，这样的母亲无法从她与子女的关系中获得任何满足，因为就像前面提到的那些例子一样，她会觉得孩子们之所以爱她，仅仅是因为从她那里得到了如此多的爱。因此，在内心深处，她会吝惜自己给予他们的一切。

对无条件之爱的追求，暗含着对他人的冷酷无情和漠视，清晰明确地显现了隐藏在对爱的神经症需求背后的敌意。

与标准的吸血鬼式的人不同，吸血鬼式的人可能会有意识地下定决心吸尽别人之所有，而神经症患者通常完全意识不到自己有多苛刻。出于战术上的原因，他必须让自己对自己的需求一无所知，因为没有人能坦率直白地说："我要你为我牺牲你自己，而不要指望从我身上获得任何回报。"他被迫把自己的需求建立在合理的基础上，比如他生病了，因此需要别人做出牺牲。另一个不承认自己这些需求的重要原因在于，一旦它们得以建立，就很难放弃；而认识到它们是不合理的，正是走向放弃的第一步。除了前面提到的基础外，这些需求的根源还在于，神经症患者深信，他无法依靠自己的资源生活，他所需要的一切都必须由他人来给予，他生活的一切责任都在于他人，而不在于他自己。因此，要他放弃对无条件之爱的需求，就意味着改变他整个的生活态度。

所有对爱的神经症需求的特征都表明了一个事实：神经症患

者内心冲突的矛盾倾向，阻碍了他获得自己所需要的爱。那么，如果他对爱的需求只能部分满足，或者完全不能满足，他又会做出什么反应呢？

第 8 章

获得爱的方式和对拒绝的敏感

考虑到神经症患者多么需要爱，但又多么难以接受爱，人们可能会认为，这些人在温和的、不冷不热的情绪氛围中，或许能获得最大的满足。但这里出现了另一个复杂的情况：他们同时又对任何拒绝或冷落都异常敏感，并感到十分痛苦，无论这种拒绝或冷落多么轻微。这种不温不火的气氛，虽然一方面让人安心，但另一方面也让人感到被冷落。

我们很难描述神经症患者对拒绝有多么敏感。约定的改变、不得不等待、未得到即时回复、观点不被同意、遇事不遂心愿，总而言之，任何没有满足他们要求的事情，都会被视为遭到冷落。而且，这种冷落不仅会把他们抛回基本焦虑中，还会让他们感觉受到了侮辱。后文中我会解释为什么神经症患者会视其为侮辱。因为冷落中确实有侮辱的成分，所以它会激起极大的愤怒，而且这种愤怒可能会公然表现出来。例如，一个女孩爱抚她的猫，但猫没什么反应，她会非常愤怒，把猫扔到墙上。如果有人让这类患者稍等片刻，他们会觉得，这是因为对方根本不重视自己，所以把他们晾在一边，而这种解释可能会导致强烈的敌意，或者导致他们收回所有的情感，变得冷酷无情、麻木不仁，即使几分钟之前，他们还急切地期待着这次约定。

更多时候，受冷落与愤怒之间的联系是无意识的。这种情况很容易发生，是因为冷落可能非常轻微，以至于逃过了意识的察觉。于是，一个人可能会感到恼怒，或变得怀恨在心，或感觉疲惫沮丧，甚至感到头痛，却丝毫不知道原因。而且，不仅在遭到拒绝或以为遭到拒绝时，会产生这种敌意反应，甚至在他预期会遭到拒绝时，也会产生敌意反应。例如，一个人可能会怒气冲冲地提出一个问题，仅仅因为在他的头脑里，他已经预期自己会遭到反驳。一个男性可能故意不给女友送花，因为他预期女友会认为这份礼物别有用心。出于同样的原因，他可能非常害怕表达任何积极的情感，比如喜爱之情、感激之情、欣赏之情，因此，在自己和别人面前，他都表现得比真实的自己更冷漠、更无情。甚至，他还可能因为预期会遭到拒绝而嘲弄女性，进行报复。

这种对遭到拒绝的恐惧，如果愈演愈烈的话，可能会使一个人避免出现在任何有可能被拒绝的环境中。这种逃避的范围非常广泛，从买香烟时不好意思要火柴，一直到不敢出门找工作。那些害怕遭到拒绝的人，如果没有绝对的把握，他们绝不会向自己喜欢的人求爱。这种男人通常讨厌邀请女孩子跳舞，因为他们担心女孩只是出于礼貌而接受邀请。而且，他们认为女人在这方面幸运多了，因为她们不必采取主动。

换句话说，对受冷落的恐惧可能会导致一系列的抑制，这些抑制让人们变得羞怯。羞怯是一种防御机制，避免让自己暴露在有可能受冷落的环境中。认为自己不可爱，同样也是一种防御机制。这类人好像在对自己说："反正人家也不喜欢我，我还是待在角落里吧，免得被人家拒绝。"因此，对受冷落的恐惧成了想要获得爱的巨大障碍，因为它使一个人压抑自己的念头，不让别人感觉到或知道他想要得到关注。而且，由受冷落的感觉激起的敌意，会让个体处于焦虑状态，甚至使焦虑加剧。它是造成"恶性循环"的重要因素，让人难以逃脱。

这种由对爱的神经症需求的各种内涵形成的恶性循环，可以大致表达如下：焦虑——对爱的过分需求，包括对排他的、无条件的爱的需求——如果这些需求未得到满足，就会产生一种冷落感——以强烈的敌意来回应这种冷落感——由于害怕失去爱，需要将这种敌意压抑下去——压抑导致愤怒泛化，产生一种紧张状态——焦虑增加——对安全感的需求增加……因此，这种用来缓解焦虑的手段，反过来又导致了新的敌意和新的焦虑。

这种恶性循环的形成，不只是在我们刚刚讨论的范围内具有典型意义，一般来说，它也是神经症中最重要的过程之一。任何保护性措施，除了给人带来安全感外，都可能会产生新的焦虑。一个人可能会借酒消愁、减轻焦虑，但他又担心喝酒对身体有害。或者，他可能会借助手淫来消除烦恼，但又害怕手淫会让他身体虚弱。或者，他可能会因为焦虑而接受某种治疗，但很快又变得忧虑起来，唯恐这种治疗会有害于他。这种恶性循环的形成，是导致严重的神经症病情恶化的主要原因，即使外界条件没有变化。揭示这一恶性循环及其影响，是精神分析的主要任务之一。神经症患者自己无法把握住它们，他只能注意到它们导致的结果——觉得自己陷入了绝望的境地。这种被困住的感觉，正是他对无法突破的困境的反应。任何看似可以引导他走出困境的道路，都只会让他再次陷入新的危险。

人们可能会问，尽管内心有各种各样的困难，但对那些神经症患者来说，究竟有没有什么方式让他得到决意想要的爱呢？这里实际上有两个问题需要解决：第一，如何得到这种必要的爱；第二，如何使这种对爱的需求在自己和他人看来合情合理。我们可以大致地将获得爱的几种方式描述如下：贿赂，乞求怜悯，追求公平，最后是威胁。当然，这种分类，就像所有心理因素的分门别类一样，并不是严格意义上的分类，而只是表明一种大体的趋势。这些不同的方式并不互相排斥。根据具体的情境和个人性格结构，以及敌意的程度，这些方式可以同时或者交替使用。事实上，以上列举的四种获得爱的方式，其次序表明了敌意程度的逐渐增加。

当神经症患者试图通过贿赂来获得爱时，其格言可以描述为："我深深地爱着你，所以作为回报，你也应该爱我，甚至为了我的爱放弃一切。"在我们的文化中，女性比男性更为频繁地使用这种策略，这一事实是由女性所处的生活环境造成的。几个世纪以来，爱不仅是女性生活中的一个特殊领域，而且实际上是她们获得自己想要的生活的唯一或主要途径。男人在成长过程中会逐渐坚信，如果他们想要出人头地，就必须在生活中有所成就；而女人们则认识到，通过爱且只有通过爱，她们才能获得幸福、安全和名誉。这种文化角度的差异，对男女的心理发展产生了重大影响。在这里讨论这种影响有点不合时宜，但这种影响的结果之一是，在神经症患者中，女性比男性更为频繁地把爱当作一种策略。与此同时，这种关于爱的主观信念，又使她们的要求变得合情合理。

这一类型的人在恋爱关系中，尤其容易陷入依赖对方的痛苦中。例如，假设一个女人对爱有着神经症需求，紧紧依附于同一类型的一个男人，然而她只要向前靠近一步，这个男人就会往后退缩；这个女人对这种拒绝产生了强烈的敌意，但由于害怕失去这个男人，她不得不压抑这种敌意。但如果这个女人试图往后退一步，那个男人又会开始追求和讨好她。这样一来，她不仅要压抑自己的敌意，还要用一种热烈的爱意来掩盖它。她会再次遭到拒绝，再次做出同样的反应，最终这种爱会愈演愈烈。因此，她会逐渐地形成这样的信念，相信自己被一种无法压制的"伟大激情"所支配。

另一种可能被称为贿赂的手段，是试图通过了解一个人，帮助他在精神或事业上获得发展，为他解决困难等，以此来赢得对方的爱。这种方法是男女通用的。

第二种获得爱的方式是**乞求怜悯**。神经症患者会把自己的痛苦和无助展示给别人，这里的格言是："你应该爱我，因为我痛苦和无助。"与此同时，这种痛苦也被他们当作向别人提出过分要求的正当理由。

有时候，这种乞求会以相当公开的方式表现出来。一位患者可能会指出，他是病情最严重的患者，所以分析师应该最先关注他的情况。他可能会轻视那些看起来更健康的患者，还会憎恨那些比他更善于使用这种策略的人。

乞求怜悯的过程，或多或少夹杂着一些敌意。神经症患者可能单纯地乞求我们本性中的善良，也可能通过某些极端的手段来索取好处，比如通过使自己陷于悲惨境地迫使我们伸出援助之手。每一个在社会工作或医疗工作中接触过神经症患者的人，都深知这种策略对患者的重要性。一个以实事求是的态度来解释自身困境的患者，与一个以戏剧性的方式展现自身痛苦以唤起他人怜悯的患者，两者是有很大区别的。事实上，在不同年龄段的儿童身上，我们也可以发现同样的倾向以及同样的变式：这些儿童可能会由于一些痛苦而想要获得安慰，或者无意识地制造一种让父母担心的情境，如不能进食或排便等，以此引起父母的关注。

运用乞求怜悯的方式，表明患者确信自己无力以其他任何方式来获得爱。这种信念可能会被合理化为对爱的普遍不信任，或者是认为在特定的情境下，除了乞求怜悯，不可能通过其他方式来获得爱。

第三种获得爱的方式——**追求公平**，其格言是："这是我为你做的，你能为我做些什么呢？"在我们的文化中，母亲们经常会指出，她们为子女牺牲了许多，因此有资格得到无私的回报。在恋爱关系中，有人虽然答应了对方的追求，但可能会因此向对方提出各种要求。这种类型的人常常乐于为他人做些事情，但他们却隐秘地期待会得到回报，从而获得自己想要的每样东西；如果对方不愿意同等地付出，他们就会感到非常失望。在这里，我指的不是那些有意识地盘算着得到回报的人，而是指那些对此完全没有意识的人。他们这种强迫性的慷慨，或许可以更准确地描述为一种魔法手势（magic gesture）。也就是说，他们为别人所做的一切，正是他们希望别人为他们做的。事后他们表现出极度强烈的失望，才让人明白他们确实期望得到回报。有时候，他们会在心里记着一本账，在这本账上，他们过分地赞扬自己所做的无用牺牲，比如为他人彻夜不眠，但又尽量不注意甚至忽略别人为自己所做的一切。因此，他们完全歪曲了实际情况，以至于感觉自己有权获得特殊关照。这种态度又会对神经症患者本人产生影响，因为他非常害怕欠别人的恩情。他本能地以己度人，担心如果接受了别人的恩惠，别人就会利用他。

追求公平，也可能建立在这样一种心理基础上，即神经症患者会认为，只要有机会，他就会愿意为别人付出。他会指出，如果他处在别人的位置上，他会多么有爱心，多么有自我牺牲精神。他觉得自己的要求是合理的，因为他对别人的要求并不比他对自己的要求多。在现实中，神经症患者这种合理化的心理，比他自己所认识到的要复杂得多。他对自身品质的标榜，主要是他无意识地把他对别人的要求放在了自己头上。然而，这并不完全是欺骗，因为他确实有一些自我牺牲的倾向；这些倾向源于他缺乏自我肯定，源于他常以失败者自居，源于他希望别人对自己就像他对别人一样宽容。

追求公平这种方式中也可能存在敌意，在要求为所谓的伤害做出赔偿时，这种敌意表现得最明显。其格言是："你让我遭受痛苦，或者你伤害了我，所以你有义务帮助我、照顾我，或者支持我。"这一策略类似于创伤性神经症（traumatic neuroses）患者所采用的方法。我个人对治疗创伤性神经症没什么经验，但我在想，创伤性神经症患者是否也属于这一类，以伤害作为借口，对他人任意索求。

我下面举几个例子，说明神经症患者如何唤起他人的罪疚感或罪恶感，以使自己的需求看起来正当合理。例如，一位妻子因为丈夫的不忠而生病。她没有对他做出任何指责，甚至没有意识到他应该受到指责，但她的患病含蓄地表达了一种活生生的谴责，目的在于唤起丈夫的负罪感，使他心甘情愿地把所有注意力都放在她身上。

再例如，另一个这种类型的神经症患者，是一位表现出强迫和歇斯底里症状的女性，她有时会坚持要帮助姐妹们做家务活。但一两天之后，她就会因为别人居然接受了她的帮助，在无意识中感到非常怨恨，并随着症状的加重而卧床不起。这样一来，姐妹们不仅要自己料理家务，还要承担照顾她的工作。同样，她的健康状况受损也表明了一种谴责，要求别人为此做出补偿。有一次，当一个姐妹批评她时，她竟然当场晕倒了，以此表示她的怨恨并要求得到同情。

还有一位患者，在接受分析的某个时期，病情变得越来越重；甚至产生了幻想，认为分析师除了要夺走她的所有财产之外，还要毁掉她的一生。因此，她认为在以后的日子里，分析师有义务照料她的全部生活。这种反应在每个治疗过程中都很常见，而且常常伴随着对医生的公开威胁。如果程度较轻的话，我们会经常见到以下情形：当分析师休假时，患者的病情就会明显加重；而且他明确或含蓄地断定，他的病情恶化是分析师的过错，所以他有权得到分析师的特别关注。类似的例子在日常生活中其实也经常见到。

正如这些例子表明的，这种类型的神经症患者愿意付出痛苦的代价，甚至是巨大的痛苦。因为通过这种方式，他们可以表达对他人的谴责，并提出种种要求。而他自己却意识不到这一点，因此能够保持自己的公正感。

第四种方法是**威胁**，当神经症患者使用这种方法来获得爱时，他很可能会恐吓要伤害自己或者他人。他会声称要采取某些极端的行为，比如败坏自己或他人的名誉，或者对自己或他人施以暴力。我们常见的例子是，患者以自杀或自杀企图相威胁。我有一个患者，就是以这种手段相继获得了两任丈夫。当第一个男人表现得有所顾虑时，她跑到城市中最热闹、最引人注意的地方去跳河；后来，当第二个男人似乎不太愿意结婚时，她在确信能够被发现的时刻，打开了煤气阀门。她的意图很明显，就是要表明，没有这个男人，她就不想活了。

既然神经症患者希望通过威胁让别人满足他的要求，那么只要他有希望达成这个目的，他就不会执行这些威胁。但如果他失去了这种希望，就可能会在绝望和报复的驱使下将其付诸实践。

第 9 章

性在对爱的神经症需求中的作用

对爱的神经症需求，常常表现为对性的迷恋，或者对性满足的贪得无厌。鉴于这一事实，我们不得不提出这个问题：对爱的神经症需求，这整个现象是否因为性生活的不满足而起？这种对爱、接触、欣赏、支持的渴望，难道不是出于对安全感的需要，而是因为性欲没有得到满足？

弗洛伊德确实倾向于这样看。他发现许多神经症患者都渴望与人接触，并倾向于依附他们；他把这种态度描述为性欲未得到满足的结果。然而，这个概念是以某些假设为基础的。这个假设是，所有那些本身与性无关的表现，比如希望得到建议、赞同或支持，都是淡化或"升华"的性需求的表达。此外，它还假设，温情也是受抑制或"升华"的性冲动的表现。

这些假设并没有确切的根据。爱意、温情和性欲之间的关系，并不像我们有时认为的那样紧密。人类学家和历史学家告诉我们，人与人之间的爱是文化发展的产物。罗伯特·布里福[1]指出，与温情相比，性与残忍的关系更为密切，尽管他的说法不那么令人信服。然而，根据在我们的文化中所做的观察，便可知道，没有爱或温情，性欲照样存在；而没有性，爱或温情也能存在。例如，没有证据表明，母亲与子女之间的温情具有性的意味。我们所能观察到的只是性元素可能存在，这也是弗洛伊德发现的结果。我们可以观察到温情与性之间的许多联系：温情可能是性感觉的前奏；人们只有在感觉到温情时，才有可能产生性欲；性欲也可以激起或者转化为温情。这种性与温情之间的转化，虽然表明两者关系密切，但我们最好还是谨慎一些，假定它们是两种不同范畴的感觉，只不过可能相互一致、相互转化或彼此取代。

而且，如果我们接受弗洛伊德的假设，认为未满足的性欲是追求爱的驱动力，那么我们就很难理解，那些从生理角度来看完全获得性满足的人，为什么也同样具有对爱的渴望，具有我们描述过的各种并发症——占有欲、想要无条件的爱、感觉不被人需要，等等。毫无疑问，这种情况确实存在，因此我们不可避免会得出结论：没有获得满足的性欲并不能解释这些现象，导致这种情况的原因存在于性领域之外。[2]

1　罗伯特·布里福，《母亲》，伦敦和纽约出版社（London and New York），1927。

2　像这样的案例，患者在情绪领域存在明确的障碍，但同时又能够获得充分的性满足，对某些精神分析师来说一直是个难题。尽管它们不符合弗洛伊德的力比多理论，但它们确实是存在的。

最后，如果对爱的神经症需求只是性欲的表现，那么我们就无法理解与此相关的许多问题，比如占有欲、需要无条件的爱、感到被拒绝。确实，我们对这些问题已经有所认识，有人对它们进行了详细的阐述：例如，嫉妒可以追溯到手足之争或俄狄浦斯情结，需要无条件的爱可以溯源至口腔性欲，占有欲可以被解释为肛门性欲，等等。但是，人们一直没有认识到，前面章节所描述过的所有态度和反应，它们事实上是同一范畴的，是同一个整体的不同组成部分。我们说，焦虑才是对爱的需求背后的驱动力，如果认识不到这一点，就无法理解这种需求为何会时而增强时而减弱。

借助弗洛伊德精巧的自由联想法，尤其是通过关注患者情感需求的波动，在分析的过程中，我们可以准确地观察到焦虑和情感需求之间的关系。经过一段时间建设性的合作之后，患者可能会突然改变自己的行为，要求占用分析师的时间，渴望获得分析师的友谊，盲目地崇拜分析师，或者嫉妒心、占有欲变强，对分析师把他"当作一个普通患者"极为敏感。与此同时，患者的焦虑也在增加，要么表现在他的梦中，要么表现在他的实际行为中，甚至表现在腹泻、尿频等生理症状中。患者并不知道焦虑的存在，也不知道他对分析师日益增强的依恋是由焦虑导致的。如果分析师认识到了这种关联，并向患者指出来，那么他们就会发现，在这个"突发的迷恋"之前，他们曾触及了一些问题，而这些问题激起了患者心中的焦虑。例如，患者可能会把分析师的解释视作一种不公平的指责，或者是一种羞辱。

这一系列的反应看起来像是这样的：一个问题出现了，对这个问题的讨论使患者对分析师产生了强烈的敌意；患者开始仇恨分析师，梦到分析师快要死去；他随即压抑自己的敌意冲动，开始感到恐惧，并出于对安全感的需求，紧紧地依附于分析师；当这些反应经过分析之后，敌意、焦虑，以及随之而增加的对爱的需求，便会慢慢消退。由于焦虑的结果便是对爱的需求的增强，所以我们可以把它当作一个警报信号，表明某种焦虑已经在蠢蠢欲动，患者需要更多的安全感。这里所描述的过程并不仅仅局限于精神分析的过程。同样，这些反应也发生在个人关系中。例如，在婚姻中，丈夫可能会强迫性地依附于妻子，产生嫉妒心和占有欲，并把她理想化，崇拜她，尽管他在内心深处憎恨她、害怕她。

对于这种附加在潜藏的憎恨之上的过度忠诚，我们完全有理由把它称作一种"过度补偿"（overcompensation）。不过，我们要认识到这个术语只是对这一过程做了粗略的描述，而没有涉及其中的动力机制。

如果基于所有上述的理由，我们不同意对爱的需求的性欲病因学解释，那么就会产生一个问题：对爱的神经症需求有时与性欲同时出现，或者看起来像性欲，这是否只是偶然？或者，对爱的神经症需求以性的方式被人感觉到，或者以性的方式表现出来，这里是否存在着某些特定的条件？

在某种程度上，对爱的需求是否以性的方式表现出来，取决于外在环境是否有利于这种表现。另一方面，它还取决于文化的差异、生命力的差异，以及性气质（sexual temperament）的差异。最后，它还取决于个体的性生活是否令人满意；如果感到不满意，比起那些对性生活满意的人，他就更有可能以性的方式做出反应。

虽然所有这些因素都显而易见，而且对个体的反应有确切的影响，但它们还不足以解释基本的个体差异。在那些对爱有神经症需求的人身上，这些反应往往因人而异。因此，我们发现有些人在与他人的接触中，几乎强迫性地带着一种或强或弱的性色彩；而在另一些人身上，这种性兴奋或性活动始终保持在正常的情感和行为范围之内。

前一种类型当中，有些人很容易从一段性关系转移到另一段性关系。如果深入了解他们的反应，我们就会发现，他们缺乏安全感，觉得没有保障；一旦他们没有了性关系，或者不能马上获得性关系，他们就会表现怪异。这种类型中还有一些人，他们身上有更多抑制倾向，事实上拥有非常少的性关系，但他们总是在自己与他人之间营造一种爱欲的氛围，不管自己是否特别被对方所吸引。最后，属于这一类型的还有第三种人，虽然在性方面有更多的抑制，但他们很容易进入性兴奋的状态，并强迫性地把任何异性都视作潜在的性伴侣。在最后这一种人当中，强迫性手淫有可能会取代性关系，但也并非必然如此。

在这类人当中，关于他们所获得的生理满足的程度，存在很大的差异。他们所共同具有的，除了性需求具有强迫性以外，是在选择性伴侣方面不加辨别和区分。他们具有我们讨论过的那些对爱有神经症需求的人所拥有的同样特征。此外，人们还会惊讶地发现一个矛盾：他们一方面想要和别人发生性关系，不管是真实的还是想象的；另一方面他们和别人的情感关系却存在巨大的困扰，这种困扰比普通人受到的基本焦虑的困扰更加彻底。这些人不仅无法相信爱，而且，当爱降临到他们身上时，他们会变得非常不安；如果是男人的话，他们可能会患上阳痿。他们可能会意识到自己的防御态度，也可能倾向于责怪他们的性伴侣。在后一种情况下，他们确信自己从未遇到过称心如意的爱人。

对他们来说，性关系不仅意味着性驱力的释放，而且也是获得人际接触的唯一途径。如果一个人形成了这样一种信念：对他来说，获得爱实际上是不可能的，那么，身体接触就可能被当作情感关系的替代品。在这种情况下，性是主要的甚至是唯一的与他人接触的桥梁，性也因此获得了非同寻常的重要性。

在有些人身上，这种不加区分的态度，表现为他们不太在意潜在性伴侣的性别。他们主动寻求与男性或女性建立关系；或者被动地屈服于他人的性需求，不管对方是异性还是同性。在此，我们对第一种人不感兴趣，因为尽管在他们那里，性也是用来建立人际关系的，否则他们就很难有人际交往，但这种冲动主要是出于征服的需要，而不是对爱的需求；或者更确切地说，是因为他们想要控制、奴役他人。这种冲动可能非常强烈，以至于性别的问题变得不重要。对他们来说，无论是在性方面，还是在其他方面，男人和女人都是征服的对象。但第二种类型的人，即那些容易屈服于同性或异性的性需求的人，他们被一种无止境的对爱的需求所驱使，他们尤其害怕失去对方，所以不敢拒绝对方的性要求，甚至不敢拒绝对方的任何要求，不管这些要求是否合理。他们不想失去对方，因为他们迫切需要这种联系。

在我看来，以双性恋（bisexuality）来解释不加区分地与两性建立关系，这是一种误解。在这些例子中，没有迹象表明他们真正喜欢同性。一旦健康的自我主张取代了焦虑，这些看似同性恋的倾向就会消失，同样，他们不加区分地选择异性的倾向也会消失。

我们对双性恋态度的阐述，同样也有助于解释同性恋问题。事实上，在所谓的"双性恋"与明确的同性恋之间，还有许多中间阶段。在同性恋的生活史中，存在着一些确定的因素，可以解释他为何不把异性当作性伴侣。当然，同性恋问题极为复杂，不可能只从一个角度来理解它。在这里我只想说，我从未见过哪个同性恋者，在他的身上不存在我们在"双性恋"类型的人身上发现的因素。

近年来，一些精神分析学家指出，人们性欲的增强，可能是因为性兴奋和性满足被当作一个发泄途径，用来缓解焦虑和被压抑的精神紧张。这种机械主义的解释有一定的道理。然而，我相信，从焦虑到性需求的增强，当中还有其他的心理过程；而且，要认识这些过程是有可能的。这一信念基于精神分析的观察，也基于对患者生活史的研究，以及对他们在性领域之外的性格特征的研究。

这一类型的患者可能一开始就迷恋分析师，急切地要求得到某种爱的回报。或者，他们在分析期间一直保持着冷淡的态度，把他们对性亲密的需求转移到某个外人身上。这个人被当作分析师的替代者，因为他与分析师在某方面很相像或是这两个人在梦中被等同了起来。或者，这些患者希望与分析师建立性关系的需求，最终只出现在自己的梦里，或是出现在会谈期间的性亢奋中。患者通常会对这些明显的性欲迹象感到十分惊讶，因为他们既没有被分析师所吸引，也根本没有喜欢上他。事实上，源自分析师的性吸引并没有发挥明显的作用，这些患者的性气质也并不比其他人更迫切或不可控制，他们的焦虑程度与其他患者也没多大区别。他们的特征在于，对任何一种真正的爱都抱着深深的怀疑。他们完全相信，分析师对他们感兴趣，是出于一些隐秘的动机；在分析师的内心深处，实际上是看不起他们的，而且很可能对他们不利。

由于神经症患者对恶意过分敏感，所以在每一次分析中都会出现怀疑和愤怒。但在那些性需求特别强烈的患者身上，这些反应形成了一种持久和僵化的态度。这种态度使得分析师和患者之间，似乎存在一堵看不见但又无法穿透的墙。当接触到自己的难题时，他们的第一个冲动就是想放弃，想中断精神分析。他们在分析中呈现出来的现象，正是他们整个生活中所做事情的精确缩影。唯一的区别在于，在接受分析之前，他们还可以回避事实，不去了解自己的人际关系实际上多么脆弱和复杂；而他们很容易建立性关系这一事实使得情况更加混乱，让他们误以为自己能够轻松地建立性关系，就意味着他们大体上拥有良好的人际关系。

我提到的这些态度总是有规律地一起出现，因此只要在精神分析开始时，患者表现出对分析师的性欲望、性幻想，或是做与分析师有关的性梦，我就预备在他的人际关系中发现严重的障碍。与我在这方面的所有观察一致，分析师的性别相对来说并不重要。那些接受过男分析师和女分析师治疗的患者，有可能对两者做出同样的反应。因此，在这些情形下，如果根据患者在梦中或其他形式中表现的同性恋愿望，就认为患者是同性恋，那就有可能犯下严重的错误。

　　因此，总的来说，正如"闪光的东西不一定都是金子"，同样，"看起来像性的东西不一定都是性"。很多看起来像是性欲的反应，事实上跟性欲几乎没有关系，而只是想要寻求安全感罢了。如果没有考虑到这一点，我们必然会高估性欲的地位和作用。

　　一个人的性需求由于未被认知的焦虑而增强，他却天真地将强烈的性需求归因于天生的性情，或者归因于他不受传统禁忌的约束。他在这么做的时候，与那些高估自己睡眠需求的人犯了同样的错误，后者以为自己的身体需要十个小时甚至更多的睡眠，而事实上他们对睡眠需求的增强，可能只是由于各种被压抑的情绪；睡眠被他们当作一种逃避内心冲突的手段。那些强迫性进食、强迫性饮酒的道理也是一样的。进食、饮酒、睡眠、性欲，这些都是维持生命的基本需求；它们的强度不仅随个人体质而变化，而且随许多其他条件而变化，比如气候、其他方面是否满足、外部刺激是否存在、工作的紧张程度、当前的身体状况等。

但是，所有这些需求也可能由于无意识的因素而增强。

性欲与对爱的需求之间的关系，为我们研究性节制问题提供了线索。性节制能够在多大程度上被接受，取决于不同的文化和个人。在个体方面，它可能涉及一些心理和生理的因素。然而，我们很容易理解，如果一个人需要用性行为作为缓解焦虑的出口，他将尤其不能够忍受任何节欲，甚至短时间的也不行。

以上这些思考，促使我们反思性欲在我们文化中所起的作用。我们倾向于带着某种骄傲和满足的心态看待我们对性的开明态度。当然，自维多利亚时代以来，情况已经有了较大的改善。我们在性关系上拥有了更大的自由，而且有更大的能力来获得性满足。后一点对于女性来说尤是如此；性冷淡不再被认为是女性的正常状态，而普遍地被认为是一种缺陷。然而，尽管有了这些改变，这方面的进展还是没有我们想象的那样深远，因为在今天，很多性行为仍然更多地被当作精神紧张发泄的出口，而不是源于真正的性驱力，因此，它更多是一种麻醉品，而不是真正的性享受或性幸福。

这种文化境况也同样反映在精神分析的概念中。弗洛伊德的伟大成就之一，就是他不辞劳苦地赋予了性以应有的重要性。然而，究其细节，许多被认为是性欲的现象，实际上是复杂的神经症的表现，且主要是对爱的神经症需求的表现。例如，患者对分析师的性欲望，通常被解释为对父亲或母亲的性欲固着（sexual fixation）的重演；然而，它们往往根本不是一种真正的性欲望，而是为了缓解焦虑而寻求某种安全保障。诚然，患者会讲述这样的联想或梦境，例如，希望躺在母亲怀里，或者想要回到母亲的子宫里，它们暗示着对父亲或母亲的"移情"。但是，我们不能忘记，这种明显的移情可能只是表达了当前想要获得爱或庇护的愿望而已。

即使把患者对分析师的欲望理解成对父亲或母亲的欲望的直接重演，也没有证据表明，婴儿与父母的联系本身就是一种真正的性联系。有大量证据表明，在成年神经症患者身上，爱与嫉妒的所有特征——弗洛伊德曾将其描述为俄狄浦斯情结的特征——都可能存在于儿童期，但这种情况并不像弗洛伊德所设想的那样常见。正如我已经说过的，我相信俄狄浦斯情结不是一个原初过程，而是许多不同过程的结果。一方面，它可能是一种简单的幼儿期反应，源于父母带有性色彩的爱抚、儿童目睹性爱场景，或者父母中的一方盲目宠爱孩子。另一方面，它也可能是一个复杂得多的过程的结果。正如我之前所说的，那些为俄狄浦斯情结的成长提供肥沃土壤的家庭环境，通常会在儿童内心引发许多恐惧和敌意，而对这些恐惧和敌意的压抑，会导致他们产生焦虑。以我之见，在这些情况下，俄狄浦斯情结的出现，很可能源于孩子出于安全的目的而紧紧依附于父母中的一方。事实上，正如弗洛伊德所描述的，获得充分发展的俄狄浦斯情结显示了所有的神经症倾向，比如对无条件的爱的过度需求、嫉妒、占有欲、因拒绝而产生的仇恨，这些都是对爱的神经症需求的特征。在这些情况下，俄狄浦斯情结并不是神经症的根源，而只是神经症的一种形式。

第 10 章

对权力、名誉和财富的追求

在我们的文化中，对爱的追求，经常被用来获得安全感以抵抗焦虑，这是方法之一；另一种方法是对权力、名誉和财富的追求。

或许我应该解释一下，为什么我把权力、名誉和财富当作同一个问题的不同方面来讨论。具体而言，对个人来说，其主要倾向是追求权力、名誉还是财富，这是因人而异的。神经症患者在寻求安全感时，哪个目标占主导地位，不仅取决于个人天赋和心理结构，还取决于外部环境。我把它们当作一个整体来看待，主要是因为它们有着共同之处，这一点使它们区别于对爱的需求。我们赢得爱，意味着通过与他人的亲密接触来获得安全感；而追求权力、名誉和财富，则意味着通过减少与他人的接触、加强自己的地位来获得安全感。

想要控制他人、赢得名誉、获得财富，这本身当然不是神经症倾向，就像对爱的渴望本身也不是神经症倾向一样。为了理解这种神经症追求的特征，我们应该将其与正常状态来做比较。例如，在正常人身上，对权力的感觉可能源于意识到自身的优势，无论是身体的力量或素质，还是心智的成熟或智慧。或者，他对权力的追求可能与某些特定的目标有关，比如为了家庭、政治或专业团体、祖国、宗教或科学理想。然而，神经症患者对权力的追求却源于个人的焦虑、仇恨和自卑。直接地说，对权力的正常追求源于力量，而对权力的神经症追求源于软弱。

我们还应该考虑文化因素。个人的权力、名誉和财富，并非在每种文化中都发挥作用。例如，对普韦布洛的印第安人来说，追求名誉是绝对不受鼓励的，个人财富方面亦是如此，因为他们的财富差距非常之小。在那样的文化中，通过追求任何形式的控制来获得安全感，都是毫无意义的。在我们的文化中，神经症患者之所以追求权力、名誉和财富，是因为这些东西在我们的社会结构中，能够给人带来强大的安全感。

在探索促使人们追求这些目标的条件时，我们发现，只有无法通过爱获得安全感以缓解潜在的焦虑时，这种追求才会出现。下面我举一个例子，说明当人们对爱的需求不能满足时，这种追求是怎样作为野心显露出来的。

一个女孩非常依恋比她大 4 岁的哥哥。他们或多或少沉溺在带有性色彩的温情中，但当这个女孩 8 岁时，她的哥哥突然拒绝了她，指出他们现在都长大了，不能再玩那种游戏了。在这次经历后不久，这个女孩在学校里突然表现出强烈的野心。显然，这是由于她对爱的追求感到失望所致，这种失望由于她无人依靠而更加难以忍受。父亲对孩子们漠不关心，母亲显然更喜欢哥哥。她感受到的不仅是失望，还有对她的自尊的沉重打击。她没有意识到，哥哥态度的变化仅仅是因为他将要进入青春期了；因此，她感到十分羞耻和屈辱。而且，由于她的自信一向建立在不稳固的基础上，所以这种感觉就更加强烈了。她母亲本来就不需要她，而且母亲是个漂亮的女人，人见人爱，因此她觉得自己无足轻重。此外，哥哥不仅得到母亲的偏爱，而且还得到了她的信任。父母的婚姻一直不幸福，母亲有什么烦恼总是与哥哥商量。因此，女孩觉得自己完全被忽视了。为了获得自己所需要的爱，她做出了另一次尝试：在与哥哥的那段痛苦经历后，她爱上了一个在旅行中遇到的男孩，她变得非常兴奋，开始编织与这个男孩有关的美丽幻想。当这个男孩从她的视线中消失时，她再次感到失望并变得抑郁。

正如在这种情况中经常发生的，父母和家庭医生把她的状况归咎于她在学校上的年级太高了，不适合她。他们把她从学校接了回来，送到一个避暑胜地休养，然后再把她安排到比原来低一年的班级里。就在那个时候，9岁的她开始表现出一种不顾一切的野心。在班上，她无法忍受屈居第二。与此同时，她与其他女孩本来非常友好的关系也明显恶化了。

这个例子说明了许多结合在一起导致神经症野心的典型因素：一开始，她因为感到不被人需要而产生了不安全感；由此产生了相当强烈的对抗心理，而这种对抗心理无法表现出来，因为在家庭中处于支配地位的母亲需要盲目的赞美；这种受到压抑的怨恨产生了大量的焦虑；她的自尊一直没有机会获得发展，在很多场合她都感觉受到屈辱，而且因为与哥哥的交往又让她明确感受到了耻辱；她试图寻求爱，以此作为获得安全感的一种手段，但这个尝试也以失败告终。

对权力、名誉和财富的神经症追求，不仅可以帮助人们对抗焦虑，还可以帮助人们释放被压抑的敌意。我想先来讨论，这些追求是如何提供特别的保护来对抗焦虑的，然后再讨论它如何帮助人们释放敌意。

首先，对权力的追求作为一种保护措施，可以用来对抗人们的无助。正如在前文中所看到的，无助感是焦虑的基本要素之一。神经症患者对自身任何无助或软弱的表现都非常反感，以至于他会避开一些在正常人看来很平常的情境，比如接受指导、建议或帮助，对他人或环境的依赖，对他人观点的让步或赞同，等等。这种对无助的反抗，并不是一下子就全部爆发的，而是逐渐增强的。神经症患者越是感觉自己在实际生活中被抑制了，他就越不能肯定自己。他在实际生活中越软弱，就越急切地想要逃避一切看似与软弱有关的事物。

其次，对权力的神经症追求，作为一种保护措施，可以用来对抗自认为或被认为没有价值的危险。神经症患者形成了一种僵化且非理性的权力理想，使他相信自己能够驾驭任何情境，无论这种情境多么困难，他都能立即掌控局势。这种理想与他的自尊联系在一起，因此，神经症患者认为软弱不仅是一种危险，而且是一种耻辱。他把人们分成"强者"和"弱者"，仰慕前者，鄙视后者。他对软弱的看法也往往非常极端。他或多或少瞧不起那些同意他的意见或顺从他的意愿的人，也看不惯那些顾虑重重或无法控制自己情绪以至于表面上总是无动于衷的人。他也鄙视自己身上具有这些特质。如果他发现自己身上的焦虑或抑制，他会感到很耻辱，因此，他鄙视自己患有神经症，并急于将这一事实隐瞒起来。此外，他还鄙视自己不能独自应付这个问题。

至于对权力的追求会采取哪种特定的形式，取决于神经症患者最害怕、最鄙视自己缺乏哪种形式的权力。下面，我将介绍神经症患者追求权力的几种常见表现。

第一种表现，神经症患者渴望控制他人以及自己。他希望任何事情的发生都是由他发起或批准的。这种对控制的追求可能会采取一种弱化的形式，即有意识地允许对方拥有完全的自由，但坚持要知道他做的每一件事，如果有什么事情被隐瞒了，他就会感到非常恼火。这种控制的倾向也可能被深深压抑，以至于不仅他自己，甚至是他周围的人，都可能相信他慷慨大方，能够给人充分的自由。然而，如果一个人完全压抑了自己的控制欲，那么，每当对方和其他朋友有约会，或者意外地回家晚了，他就有可能变得抑郁，或者出现严重的头痛或胃部不适。由于不知道这些障碍的原因，所以他可能将其归咎于天气状况、饮食不当或者类似的无关情况。而且，许多表面上看起来像是好奇的行为，其实都是出自他想要控制局面的隐秘愿望。

此外，这类人倾向于希望自己永远正确；一旦被证明出错了，即使是一个无关紧要的小错误，他也会感到非常恼火。他们必须比其他任何人都更了解每件事，这种态度有时候会明显令人很尴尬。那些在其他方面严肃可靠的人，当他们碰到一个自己不知道答案的问题时，就有可能会不懂装懂，或者凭空捏造一个答案，尽管在这种情况下的无知并不会损害他们的名誉。有时候，他们强调需要提前知道将会发生什么，并预测每一种可能性。这种态度可能伴随着他对任何涉及不可控因素的情境的厌恶。他不能冒任何风险。他对自我控制的强调表现为不愿意让任何情感摆布自己。一个患有神经症的女性被某个男人吸引，如果这个男人爱上了她，她就会突然变得看不起他。这类患者发现很难让自己在自由联想中驰骋，因为那意味着失去控制，让自己卷入未知的领域。

第二种表现，追求权力的神经症患者希望他们可以随心所欲。如果别人没有按照他的期望去做，或者没有在他期望的时间内做完，那么他就会经常感到恼火。这种急躁的态度与对权力的追求密切相关。任何形式的延误、任何被迫的等待，哪怕只是等红绿灯，都可能引起他的愤怒。神经症患者往往并不知道自己这种专横的态度，至少是不知道这种态度的影响有多大。事实上，不承认这种态度，也不改变这种态度，显然更符合他的利益，因为这种态度具有重要的保护功能。同样，其他人也不能辨认出这种态度，因为如果别人发现了，他就有失去爱的危险。

这种无意识的态度对恋爱关系具有重要的影响。对一个患有神经症的女性而言，如果她的丈夫或情人没有按照她的预期行动，例如，他迟到了，他没有打电话，他去了别的城市，这个女人就会觉得他不爱她了。她没有意识到自己表现出愤怒，是因为对方没有顺从自己的意愿——当然这些意愿经常是含糊不清的，相反，她把这种情况当作自己不被人需要的证明。这种谬误在我们的文化中确实很常见，它在很大程度上助长了一种不被需要的感觉，而这种感觉通常是神经症的关键因素。一般说来，这一谬误是从父母那里学来的。一位专横的母亲会对子女的不顺从感到愤恨，她会相信并宣称孩子不爱她。在此基础上经常会产生一个奇怪的矛盾，它可能会阻碍任何一段恋爱关系。例如，患有神经症的女孩不可能爱一个"软弱的"男人，因为她鄙视任何软弱；但她也不可能与一个"坚强的"男人交往，因为她期望她的伴侣一直能够顺从自己。因此，她内心深处寻求的是一个英雄、超人，这个人同时又是一个软弱的人，会毫不犹豫地屈服于她所有的愿望。

第三种表现，追求权力的神经症患者有一种永不屈服的态度。在神经症患者看来，同意别人的意见或者接受别人的建议，即使这些意见或建议是正确的，也是一种软弱的表现；甚至仅仅想到要这么做，在他心里都会激起反抗。那些抱着这种态度不放的人，出于害怕对他人的屈服，而倾向于矫枉过正，强迫性地采取相反的立场。这种态度最为普遍的表现，就是神经症患者在内心深处坚持认为，世界应该适应他，而不是他去适应这个世界。这是精神分析治疗的基本困难之一。精神分析的最终目的不是让患者获得知识或领悟，而是让他利用这种领悟来改变自己的态度。尽管这种类型的神经症患者认识到改变对自己有好处，但他还是很反感这种改变，因为对他来说，这意味着他最终还是屈服了。神经症患者不能做出改变，这对恋爱关系也有很大的启示。爱，不管它还意味着什么，始终意味着屈服，屈服于自己的情感，屈服于自己的爱人。一个人，不管是男人还是女人，越是不能做出这样的屈服，恋爱关系就越不能令人满意。这一因素可能也是性冷淡的原因之一，因为性高潮的前提正是完全放弃自我。

在前文中，我们看到对权力的追求会对恋爱关系产生很大的影响，这让我们可以更完整地理解对爱的神经症需求的许多内涵。如果不考虑追求权力在其中发挥的作用，就不可能完整地理解在对爱的追求中所包含的诸多态度。

正如我们所看到的，对权力的追求是对抗无助感和无价值感的保护措施。同样，对名誉的追求也具有对抗无价值感的功能。

追求名誉的神经症患者有一种迫切的需要，想要给别人留下深刻的印象，得到别人的尊重和欣赏。他会幻想运用美貌、智慧或某种杰出的成就给他人留下印象；或者他会大手大脚地挥霍金钱，假装慷慨大方；或者他强迫自己去了解最新的书籍和戏剧，去结识有权有势的人。身边的人必须欣赏他、崇拜他，无论是朋友、丈夫、妻子，还是手下的员工。他的全部自尊都建立在受人崇拜的基础上，如果没有人崇拜他，他的自信就会化为乌有。由于他过于敏感，总是感受到羞辱，生活对他来说就是无尽的折磨。他通常意识不到这种羞辱，因为这一意识太令人痛苦了；但不管他是否有所意识，他总是以愤怒对这种感受做出反应，而且愤怒的程度与他感受到的痛苦成比例。因此，他的态度导致不断产生新的敌意和新的焦虑。

为了便于描述，我们可以把这类人称为自恋型（narcissistic）。然而，如果从动力学的角度进行考察，这个术语是有误导性的，因为尽管他总是沉溺于膨胀的自我，但他这样做主要不是出于自恋，而是为了对抗无价值感和羞辱感，或者换个角度来说，是为了修复破碎的自尊心。

与他人的关系越疏远，患者对名誉的追求就越可能被内化；在他自己看来，这种追求似乎是一种理所当然和美妙的需要。而每一个缺点，不管是被清晰认知的，还是隐约感觉到的，都被认为是一种耻辱。

在我们的文化中，还可以通过追求财富来对抗无助感、无价值感或羞辱感，因为财富不仅能给人带来权力，而且还能提升名誉。对财富的非理性追求在我们的文化中非常普遍，因此只有通过与其他文化做比较，我们才能认识到这并不是人类普遍的本能，既不是一种贪婪的本能，也不是生物驱力的升华。即使在我们的文化中，一旦相应的焦虑得到缓解或消除，对财富的强迫性追求也会消失不见。

以追求财富作为保护手段所对抗的特定恐惧，是对贫穷、困苦和依赖他人的恐惧。对贫穷的恐惧，就像是一条鞭子，驱策着一个人不停地工作，从不错过任何赚钱的机会。这种追求所具有的防御性特征，表现在他无法使用金钱来获得更大的享受。这种占有欲并不一定仅仅指向金钱或物质，也可能表现为对他人的占有态度，以防自己失去关爱。这种占有现象众所周知，尤其会在婚姻中表现出来，而法律为这种占有提供了合理依据。由于占有的特征与我们在讨论追求权力时所描述的非常相似，所以，我在这里就不再给出专门的例子了。

以上描述的三种神经症追求，正如我之前所说，不仅可以用来获得安全感对抗焦虑，还可以作为宣泄敌意的手段。这种敌意是表现为支配的倾向、羞辱的倾向，还是剥夺的倾向，取决于哪一种追求占据上风。

对权力的神经症追求中所包含的支配倾向，并不一定公开表现为针对他人的敌意。它也可能伪装成具有社会价值或某种人道主义的形式，例如，表现为提供建议、爱管闲事、喜欢领头的态度。但是，如果这种态度中隐藏着敌意，那么其他人，例如子女、伴侣、员工，就会感觉出来，并报以或顺从或反抗的反应。神经症患者自己通常意识不到其中的敌意。即使当事情没有按照他的意愿进行时，他会勃然大怒，但他仍然坚信，自己在本质上是一个温和的人；他之所以会生气，是因为别人太过愚蠢，竟然反对他。然而，实际情况并非如此，事实上是神经症患者的敌意被压抑，以一种文明的形式表现出来；而当他不能按自己的意愿行事时，这种敌意就会爆发出来。对于让他发怒的事情，在别人看来，可能觉得并非反对自己，只是双方意见不同，或者对方没有听从自己的建议而已。然而，就是这些小事，可能会让他勃然大怒。我们可以把这种支配他人的态度看作一个安全阀，通过这个安全阀，一定程度的敌意可以以非破坏性的方式释放出来。由于这种态度本身就表达了一种弱化的敌意，因此它为抑制纯粹的破坏性冲动提供了一种途径。

这种由意见不合而产生的愤怒，也有可能受到压抑；正如我们所看到的，被压抑的敌意又可能导致新的焦虑。患者可能表现出抑郁或疲劳。由于引起这类反应的事件如此微不足道，以至于它们逃过了人们的注意；而且由于神经症患者意识不到自己的反应，所以这些抑郁或焦虑的状态，可能看起来没有任何外在刺激。我们只有通过精确的观察，才能逐步揭示刺激事件和继发反应之间的联系。

强迫性的支配欲所产生的深层特征，是个体缺乏与人平起平坐的能力。他必须领导别人，不然就会感到迷茫和无助。他是如此专制，以至于任何不能完全控制的事情，都会让他感觉自己被征服了。如果他的愤怒受到压抑，这种压抑很可能导致他抑郁、沮丧和疲劳。然而，他所感到的无助，可能只是一种迂回的方式，让他确保自己的支配地位，或者表达由于不能领导别人而产生的敌意。举个例子，一个女人和她丈夫出国旅游，在某个城市的街头散步。她先前研究过一番地图，因此一直在前面带路。但是，当他们走到没有事先了解过的地方和街道时，她自然而然感到不安，于是，就把充当向导的任务完全推给了丈夫。尽管此前她一直很快乐，也很活跃，但她这时突然感到疲惫不堪，几乎寸步难行。我们大多数人都知道，在一些婚姻伴侣、兄弟姐妹、朋友之间的关系中，神经症患者表现得像个奴隶主一样，用他的无助作为鞭子，迫使别人服从他的意志，以获得无休止的关注和帮助。这些情况的特征是，无论别人为他做过什么、付出多少，神经症患者都无法从中获益；相反，他的回应是新的抱怨和新的要求，更有甚者，指责他人忽视和虐待自己。

在分析的过程中，我们也可以观察到同样的行为。这类患者可能拼命要求获得帮助，但他们不仅不听从分析师的任何建议，甚至还会因为没有得到帮助而愤怒不已。如果他们真的获得了帮助，对自己的人格特质有了某种了解，他们会立刻再度陷入以前的苦恼，就好像什么都没发生过，他们会想方设法消除经由分析师辛苦工作而得来的领悟。然后，他会迫使分析师做出新的努力，而这些努力注定又会失败。

患者可以从这种情境中得到双重满足：通过表现自己的无助，他获得了一种胜利，因为他能够迫使分析师像奴隶般为他服务。与此同时，这种策略往往会使分析师产生无助感，这样一来，虽然他内心的纠葛使其不能以建设性的方式来支配他人，但他发现了破坏性支配方式的可能性。不用说，以这种方式获得的满足完全是无意识的，正如他为了获得满足而使用这种技巧也是无意识的。患者所能意识到的是，他非常需要帮助，而又得不到帮助。因此，在患者自己看来，他的所作所为不仅完全合理，而且他还有充分的权利对分析师感到愤怒。与此同时，他会不可避免地记录下（registering）这一事实，即自己正在玩一个阴险的游戏，因此他害怕被人发现并遭到报复，所以，出于防御，他觉得有必要巩固自己的地位，于是他开始颠倒是非。他认为，并不是他暗中进行某些破坏性的攻击，而是分析师忽略、欺骗和虐待了他。只有真正感觉自己是个受害者，他才会采取并坚持这一立场。在这种情况下，一个人不仅不会承认自己没受到虐待，而且相反，他对坚持自己的信念有着极大兴趣。他坚持认为自己受到了伤害，往往给人一种他想要被虐待的印象。事实上，他和我们所有人一样都不希望受到虐待，但他相信自己被人虐待的信念具有非常重要的功能，以至于无法轻易将其放弃。

这种支配的态度可能包含太多的敌意，从而让患者产生新的焦虑。而这又可能导致一些抑制作用，比如不能下命令、不能做决定、不能表达确切的意见等，其结果是神经症患者往往显得过于顺从。而这反过来又导致他误以为自己的抑制是天生的软弱，由此产生恶性循环。

对那些把名誉看作头等大事的人来说，敌意通常表现为想要羞辱他人。这种欲望对那些自尊被羞辱所伤害，因而产生报复心理的人而言，具有至高无上的地位。通常情况下，他们在童年期都有过一系列屈辱的经历，这些经历可能与他们成长的社会情境有关，比如属于某些少数群体，或者自己家里很穷而某些亲戚却很富有。它也可能与他们的个人处境有关，比如，因为其他孩子而受到歧视，受到冷落，被父母当作玩物，时而被溺爱，时而被辱骂，等等。这类经验常常因为其痛苦的性质而被人遗忘，但如果遇到与羞辱有关的事件，它们就会重新回到意识之中。然而，在成年神经症患者身上，我们无法观察到这些童年期遭遇所产生的直接结果，而只能观察到间接的结果。这些结果可能会愈演愈烈，因为它们会经历一个"恶性循环"：羞辱感——想要羞辱他人——由于害怕遭到报复而对羞辱更加敏感——更想要羞辱他人。

羞辱的倾向受到深深压抑，通常是因为神经症患者从自己的敏感中得知，当他遭到羞辱时，是多么痛苦和想要报复，因此他本能地害怕别人做出同样的反应。然而，这种倾向还是会在他没有意识到的情况下出现。例如，无意中忽视别人，让别人等待；无意中使别人感到尴尬；或是让别人感到受制于人。即使神经症患者对自己羞辱他人的倾向完全没有意识，他的人际关系中也会弥漫着焦虑，表现为不断预期自己会遭到指责或羞辱。在后面讨论对失败的恐惧时，我将回过头来讨论这种担心。由这种对羞辱的极度敏感而产生的抑制倾向，通常会表现为避免任何可能羞辱他人的事情。例如，这样的神经症患者可能无法批评他人、拒绝他人的要求，或者无法开除一位员工，结果，他往往显得过于谨慎小心或彬彬有礼。

最后，想要羞辱他人的倾向，也可能会隐藏在崇拜他人的倾向背后。由于羞辱他人和崇拜他人是截然相反的，因此，后者是消除或掩盖前者倾向的绝佳方式。这也是两种极端经常出现在同一个人身上的原因。这两种态度的表现方式可能有很多种，因人而异。它们可能分别出现在不同的阶段，一个阶段普遍轻视他人，接下来的阶段开始崇拜英雄；可能针对不同的性别，比如崇拜男人而轻视女人，或者恰好相反；也可能是对一两个人盲目崇拜，而对世界上其他的人则盲目蔑视。在分析的过程中，我们可以看到，这两种态度在现实中是可以并存的。患者可能既盲目地崇拜分析师又轻视分析师，他有时会压抑其中一种情感，有时则在两者之间摇摆不定。

在追求财富的过程中，敌意通常表现为剥削他人的倾向。想要欺骗、偷窃、剥削或挫败他人，本身并不是神经症的表现。它可能属于某种文化模式，或者由实际情境所致，也可能被人们认为只是一种利己行为。然而，在神经症患者身上，这些倾向却充满了情绪色彩。即使他从中获得的实际利益微不足道，但只要能达成目的，他就会欢欣鼓舞。例如，为了买到一件便宜货，他可能花费大量的时间和精力，与节省下的那点钱根本不能比。他从中所获得的满足有两个来源：一是他觉得自己比别人聪明，二是他觉得自己挫败了别人。

这种剥削他人的倾向有许多种表现形式。如果一个神经症患者没有得到免费治疗，或者治疗费用超出了他的支付能力，他就会对医生心怀怨恨。如果他的员工不愿意无偿加班，他就会对他们怒不可遏。在与朋友和孩子的关系中，他们常常声称对方对他负有责任和义务，从而使这种剥削倾向合理化。事实上，父母在这个基础上要求孩子做出牺牲，有可能会毁掉孩子的一生。即使这种倾向没有以破坏性的形式出现，那些相信孩子的存在是为了让自己满意的母亲，也必然会在情感上剥削孩子。这种类型的神经症患者，也可能倾向于对别人有所保留，不给予别人某些东西，比如应该付给别人的钱、应该告诉别人的消息，以及他让别人有所期待却迟迟不给予的性满足。这些剥削倾向的存在，可能会表现为患者反复做偷窃的梦；或者他会产生有意识的偷窃冲动，只不过他把这种冲动压抑了下去。当然，他也可能在某个时期确实是个偷窃狂。

这一类型的人往往意识不到他们是在故意剥削别人。一旦别人对他们有所期待，与此相关的焦虑就会导致抑制。例如，他们会忘记买对方期待的生日礼物；或者如果一个女人愿意与他做爱，他就会变得阳痿。然而，这种焦虑并不一定导致实际的抑制，它也有可能变成潜在的恐惧，使患者担心自己正在剥削他人。尽管事实就是如此，但他们会在意识上愤怒地否认这种意图。神经症患者甚至可能对某些并没有剥削倾向的行为感到恐惧，与此同时，他却完全意识不到自己在其他行为上确实在剥削他人。

这些剥夺他人的倾向，往往伴随着嫉妒的情绪。如果别人拥有我们想要的优势，大多数人都会产生些许嫉妒。然而，对正常人来说，重点在于他希望自己也能拥有这些优势；可对神经症患者来说，重点在于他不愿让别人得到这些优势，即使他自己根本不想要它们。这种类型的母亲常常会嫉妒孩子的快乐，她会告诉他们："早餐时唱歌，晚餐时就会哭泣。"

神经症患者通常会把他的嫉妒合理化，从而掩盖这种嫉妒的粗鲁无礼。别人获得的利益，无论是得到一个洋娃娃、认识一个女孩、有了闲暇时光，还是得到了一份工作，都显得那么光彩夺目，那么令人向往，以至于他觉得自己的嫉妒完全合情合理。事实上，只有借助对事实进行某种无意识的歪曲，这种合理化才能实现。例如，低估自己实际拥有的一切，认为别人的东西才是真正有价值的。这种自我欺骗可能使他相信自己处于悲惨的境地，因为他没有别人所拥有的某种优势；他完全忘记了在其他方面，他根本不愿意和别人进行交换。他为这种歪曲付出了沉重的代价，导致他不可能享受和欣赏任何可能的幸福。然而，正是这种"不可能"保护了他免受别人的嫉妒，他害怕别人的嫉妒。他并非刻意对自己所拥有的东西不满足，就像许多正常人一样，正常人也会找充分的理由来保护自己不受他人的嫉妒，并因此歪曲自己的真实处境。只是神经症患者把这件事做得很彻底，以至于剥夺了自己的所有乐趣。就这样，他终于破坏了自己的目标：他本想拥有一切，但由于他的破坏性冲动和焦虑，最后落得两手空空。

很明显，这种剥夺或剥削他人的倾向，像我们讨论过的所有敌意倾向一样，不仅来源于受损的人际关系，而且会进一步损害人际关系。尤其是如果这种倾向或多或少处于无意识状态——通常情况下就是如此——它必然会导致个体感到不自然，甚至在他人面前感到羞怯。在那些他没有任何期待的人面前，他的感受和行为可以很自在；但只要他有可能从别人那里获得某种好处，他就会变得很不自然。这种好处可能是有形的东西，比如情报信息或一封推荐信；也可能是无形的东西，比如仅仅是未来获得帮助的可能性。不仅在性关系中，而且在其他所有关系中，这一点都是适用的。这种类型的女性患者，在自己并不在意的男人面前，可能会表现得很坦率、自然；而在一个她希望能获得对方好感的男人面前，她就会感到十分尴尬、拘束，因为在她看来，获得他的爱就等于从他那里得到某种东西。

这一类型的人可能有非常强的赚钱能力，从而使他们的冲动进入有益的渠道。但更常见的情况是，他们会在赚钱方面形成种种抑制，使他们犹豫要不要索取报酬，或者做了大量工作却没有索取恰当的报酬；因此，他们的行为看起来比实际情形要慷慨很多。然后，他们可能会对自己的报酬感到不满，但经常又不知道这种不满的原因。如果神经症患者的抑制非常严重，渗透到他的整个人格，那么就会导致他无法自立，而必须依靠他人的支持。于是，他会过着一种寄生的生活，从而满足自己的剥削倾向。这种寄生的态度，并不一定表现为张扬其事的"全世界都欠我"，也可能会表现为更微妙的形式，比如希望他人帮助自己，希望他人采取主动，希望他人为自己的工作出谋划策；总而言之，就是希望别人对自己的生活负责。其结果是，他对人生形成了一种奇怪的态度：他没有认识到这是他自己的生活，必须由他自己来决定是要有所成就，还是虚度一生。他对人生的态度，就好像身上发生的一切都与自己无关；就好像善与恶都来自外部世界，与他的所作所为全然无关；就好像他有权利从别人那里得到好处，而将所有的坏事都归咎于别人。由于在这种情况下，坏事往往比好事更容易发生，因此神经症患者几乎不可避免地对整个世界越来越憎恨。这种寄生虫式的态度，也存在于对爱的神经症需求中，尤其是当对爱的需求表现为物质需求时。

神经症患者剥削或剥夺他人的倾向，另一个常见结果是，他们担心自己会被别人欺骗或利用。他可能生活在一种无限的恐惧中，害怕有人会利用他，偷走他的金钱或想法；所以，他对每一个遇到的人都感到恐惧，害怕这个人会打他的主意。如果他真的被骗了，比如出租车司机绕路行驶，或者服务员多收了他钱，他会感到特别愤怒，大发脾气。把自己的虐待倾向投射到别人身上，所产生的心理价值是显而易见的。对别人义愤填膺，比面对自己的问题要轻松得多。更有甚者，歇斯底里症患者经常指责他人或恐吓他人，使其感到罪孽深重，从而任其辱骂和虐待。辛克莱·刘易斯[1]在描述多兹沃思夫人（Mrs. Dodsworth）的性格时，对这种策略做了精彩的描述。

至此，神经症患者追求权力、名誉和财产的目的和功能，大致可以列表概括如下：

目标	安全感的对抗对象	敌意的表现形式
权力	无助	支配他人的倾向
名誉	羞辱	羞辱他人的倾向
财富	贫困	剥削他人的倾向

阿尔弗雷德·阿德勒的主要成就，就在于他发现并强调这些追求的重要性，以及这些追求在神经症表现中所起的作用，还有这些追求所表现出来的伪装。然而，阿德勒认为，这些追求是人性中最重要的倾向，其本身并不需要任何解释。[2]他把神经症患者身上这些激烈的表现，溯源至个体的生理缺陷和自卑感。

---

1 辛克莱·刘易斯（Sinclair Lewis, 1885—1951），美国作家，《多兹沃思》（*Dodsworth*）是他的一部长篇小说。1930年，刘易斯成为美国第一位诺贝尔文学奖获得者。

2 尼采在的《权力意志》（*Der Wille zur Macht*）一书中，对这种权力欲望做了同样片面的评价。

弗洛伊德也看到了这些追求的许多内涵，但他并不认为它们属于同一类。他认为，追求名誉是一种自恋倾向的表现。最初，他把对权力和财富的追求以及其中包含的敌意，都当作"肛门——施虐阶段"的衍生物。然而，后来他认识到，这些敌意行为无法归结到性欲的基础上，因而主张它们是"死亡本能"的表现。这样一来，他仍然忠实于自己的生物学取向。无论是阿德勒还是弗洛伊德，都没有意识到焦虑在产生这些追求中所起的作用，也都没有看到它们表现形式中的文化内涵。

第 11 章

神经症竞争

在不同的文化中，获取权力、名誉和财富的方式也不尽相同。它们可能凭借继承权而得来，也可能凭借个人所拥有的、被其文化群体欣赏的品质，比如勇气、机智、治愈病人的能力、与超自然力量交流的能力、头脑的灵活性等而得来。它们还可能基于特定的品质或偶然的机遇，参与某些非凡的或成功的活动而获得。在我们的文化中，地位和财富的继承权无疑起着一定的作用。然而，如果个人必须通过自己的努力去获得权力、名誉和财富，他就不得不与别人进行竞争。这种竞争以经济为中心，辐射到所有其他活动中，渗透到爱情、社会关系和娱乐中。因此，在我们的文化中，竞争对每一个人来说都是一个问题；所以，我们发现它在神经症冲突中占据核心地位，也就不足为奇了。

在我们的文化中，神经症竞争与正常竞争有三方面的不同。第一，神经症患者总是拿自己与别人做比较，即使在不必要的情况下也是如此。尽管在任何竞争性环境中，努力超过他人都是至关重要的，但神经症患者会把自己与那些根本不可能成为对手、没有共同目标的人做比较。至于谁更聪明、更有吸引力、更受欢迎这样的问题，被他不加区分地放置到每个人身上。他对人生的感受，就像赛马中的骑手，对他来说，只有一件事是重要的，就是能否超过其他人。这种态度必然导致他对任何事业都缺乏或丧失真正的兴趣。对他来说，重要的不是他所做的事情，而是他能从中获得多少成功、名誉和影响力。神经症患者可能意识到他在拿自己与他人做比较，但也可能对自己的所作所为毫不知情。总之，他几乎从未充分地意识到这一行动对他的重大影响。

神经症竞争与正常竞争的第二个不同在于，神经症患者的野心不仅是要比别人完成更多的目标，或者取得更大的成功，而且要让自己出类拔萃、独一无二。尽管他可能会以比较级的方式来思考，但他的目标始终是最高级的。他可能完全意识到自己被这种不屈不挠的野心驱使。然而，更常见的情况是，他要么完全压抑了自己的野心，要么将其部分掩盖起来。例如，在后一种情况下，他可能相信，自己所关心的不是成功，而是他为之奋斗的事业；或者，他可能相信，自己并不想成为舞台上万众瞩目的焦点，而只想在幕后做些打杂的工作；或者，他可能承认，自己在人生中某个时期曾经雄心勃勃——比如在孩童时代，幻想有朝一日成为救世主或拿破仑第二，或者幻想把整个世界从战争中拯救出来；如果是个小女孩，她会幻想有朝一日能够嫁给威尔士亲王，成为王妃，但现在他会宣布说，在那以后，他的野心就完全消逝了。他甚至可能会抱怨说，自己现在非常缺乏野心，以至于希望重新找回过去的感觉。如果他完全压抑了自己的野心，他可能会相信，野心对他来说一直很陌生。只有分析师打破了某些防御机制之后，他才会回忆起自己曾有过浮夸的幻想，或者在脑海中一闪而过的想法，例如，希望在自己的领域里是最优秀的，或者认为自己特别英俊、聪明；或者发现自己对身边的女人居然会爱上其他男人感到很惊讶，甚至回想起来还会恼羞成怒。然而，在大多数情况下，由于意识不到野心在他的反应中所起的巨大作用，因此他并不认为这些想法有什么特别的重要性。

这种野心有时会集中在某个特定的目标上：才华、魅力、某种成就或德行。然而，有时候，这种野心并不集中在某个明确的目标上，而是弥散在个体的所有活动中。他必须在所涉足的每个领域中都是最优秀的。他可能想同时成为伟大的发明家、杰出的医生和无与伦比的音乐家。而一个女人，可能不仅希望在自己的工作领域内出类拔萃，同时还希望自己是完美的家庭主妇和穿着时尚的达人。这一类型的青少年，可能发现自己很难选择或投身于任何一种职业，因为选择一种就意味着放弃另一种，或至少要舍弃一部分他最喜欢的兴趣和活动。对大多数人来说，要同时掌握建筑、外科手术和小提琴演奏，确实是困难重重。而且，这些青少年开始他们的工作时，可能会抱着不切实际的期望，比如，绘画像伦勃朗，写剧本像莎士比亚，刚进实验室就成果斐然。由于过度的野心导致他们对自己期望过高，所以他们很容易灰心失望，并很快就放弃原来的努力，开始去做别的事情。许多有天赋的人在他们的一生中，就是这样分散了自己的精力。他们确实具有在某些领域取得成功的巨大潜能，但由于对所有领域都感兴趣而又野心勃勃，以至于无法始终如一地追求某个目标。最终，他们只会一事无成，白白浪费了自己的才能。

无论是否意识到了自己的野心，他们对遭遇的任何挫折都十分敏感。甚至成功也可能让他们感到失望，只因为这次成功没有达到他们的期望。举个例子，他发表了一篇论文或出版了一本专著，但如果没有一鸣惊人、引人注目，他就会感到很失望。这类人通过了一场很难的考试，可能会指出别人也通过了考试，因此这算不上什么成功。这种对诸事感到失望的倾向，正是他们不能享受成功的原因之一。至于其他原因，我将在后文中讨论。当然，他们对任何批评也极其敏感。许多人在写了第一本书或画了第一幅画以后，就停步不前了，因为即使是最温和的批评，也会使他们深感气馁。许多潜在的神经症患者，往往是在遭到他人批评或遭遇失败的时候，显现出最初的神经症症状。尽管这些批评或失败本身微不足道，或者无论如何也不足以造成精神障碍。

与正常竞争的第三个不同在于，神经症患者的野心中隐含着敌意，他的态度是"只有我才是最美丽的、最能干的、最成功的"。在每一场激烈竞争中都存在着敌意，因为一个竞争者的胜利，就意味着另一个竞争者的失败。事实上，在个人主义的文化中，存在着如此多的破坏性竞争，以至于孤立地看这种竞争，我们很不情愿将其看作神经症的特征；它几乎是一种文化模式。然而，在神经症患者身上，这种竞争破坏性的一面比建设性的一面影响更大：对他来说，看到别人的失败比看见自己成功更有意义。更确切地说，神经症患者的野心，使他表现得好像打败别人比自己取胜更有意义。事实上，他自己的成功对他而言当然是最重要的；但是，由于他对成功有着强烈的抑制倾向——这一点我们将在后文看到——所以，他唯一能接受的方法就是变得比别人厉害，或至少是感觉比别人厉害：去贬低别人，把别人降低到与自己同等的水平，或者不如自己的水平。

在我们文化的竞争行为中，为了提高自己的地位、荣誉而试图损害竞争者，或者压制潜在的竞争对手，通常只是一种应急的利己之举。然而，神经症患者却被一种盲目的、强迫性的冲动所驱使，不分青红皂白地贬低其他人。即使他意识到别人不会对自己造成实际伤害，即使别人的成败与自己的利益毫不相干，他也会这么做。他的感觉可以被描述为一种清晰的信念——"一山不能容二虎"，而他更真实的想法是"只能留下我"。在他的破坏性冲动背后，可能隐藏着巨大的情绪张力。例如，一个正在写剧本的人，听说他的一个朋友也在写剧本时，心中会生出一股无名之火。

这种想要挫败他人的冲动在许多关系中都能看到。一个野心勃勃的孩子可能会被一种愿望所驱使，那就是为了自己的利益破坏父母所有的努力。如果父母强迫他注意行为举止，在社会上取得成功，那么他就会故意让自己在社会上行为败坏。如果父母所有的努力都集中在他的智力发展上，他很可能会对学习产生强烈的抵抗，使自己看起来像个白痴。我记得有两个孩子被带到我这里，他们被父母怀疑有智力发育障碍，但后来我发现他们非常能干和聪明。他们的动机是想打败父母，这一点也同样表现在他们对待分析师的方式中。其中一个孩子假装听不懂我的话，这样我便无法判断她的智力状况，直到我意识到她一直在跟我玩游戏，就像她曾经跟父母和老师玩游戏一样。这两个孩子都有极强的抱负，但在治疗开始时，这种抱负完全被淹没在破坏性的冲动中。

同样的态度也可能出现在课堂上或者治疗过程中。在上课或接受治疗时，正常人都会努力从中获益。然而，对这类神经症患者来说，或者更确切地说，对他们竞争性的一面来说，更重要的是挫败老师或医生的努力，阻碍他们取得成功。如果通过证明别人在他身上一事无成，就可以达到这个目的，那么他宁愿让自己继续生病或永远无知，从而向别人证明那些人也没什么高明之处。不用说，这个过程也是无意识的。在他的意识中，他会认为老师或医生实际上是无能的，或者不适合教他学习或给他治病。

因此，这种类型的患者会非常害怕分析师成功地治愈他。他会不遗余力地挫败分析师的努力，尽管这样做显然也会损害他自己的利益。他不仅会误导分析师或者隐瞒重要的信息，而且只要能做到，他会始终维持自己的症状，甚至使其更加恶化。他不会告诉分析师自己的病情有任何好转，或者即使他告诉分析师，也是极不情愿的：要么带着抱怨或牢骚；要么他会把自己的好转或有所领悟，归因于一些外在因素，比如气温的变化、服用阿司匹林、读了某本书。他不会听从分析师的任何指示，试图以此证明分析师明显是错的。或者，他会把分析师的建议——最初曾粗暴地加以拒绝的——说成是他自己的发现。后一种行为，我们在日常生活中也经常观察到；它构成了无意识剽窃的心理动力，许多关于专利权的斗争都基于这样的心理。这样的人无法容忍别人而不是他自己提出了一种新观点。他会坚决诋毁任何不是自己提出来的意见。例如，如果他的竞争对手推荐了一部电影或一本书，他肯定会讨厌或拒绝这部电影或这本书。

在分析过程中，当所有这些反应经由分析师的解释更接近意识水平时，神经症患者可能会突然暴怒：想要砸烂办公室里的东西，或者对分析师恶语相向。或者，在澄清了一些问题之后，他会马上指出，还有很多问题没有解决。即使他有很大的好转，并在理智上认识到了这一事实，但他仍然在情感上拒绝任何感激。在这种不知感恩的现象中还包含了许多其他因素，比如害怕承担偿还恩情的义务。但其中最重要的一个因素是，不得不把某事件归功于别人，神经症患者觉得这是一种羞辱。

这种想要挫败他人的冲动，往往会产生大量的焦虑；因为神经症患者会下意识地认为，别人在遭到挫败后也会像自己一样，感觉受到很大伤害并伺机报复。因此，他对自己要伤害他人感到非常焦虑，坚持认为这种挫败他人的倾向事实上是合情合理的，从而不让自己意识到这种挫败倾向。

如果神经症患者有强烈的贬低倾向，他很难形成任何积极的意见，采取任何积极的立场，或做出任何建设性的决定。他对某人或某事形成的积极意见，可能会因他人提出轻微的异议而烟消云散，因为只要一点小事就会激发他的贬低冲动。

事实上，所有这些包含于对权力、名誉和财富的神经症追求中的破坏性冲动，都可以纳入竞争行为。在我们的文化中普遍存在的竞争行为中，即使是正常人也有可能表现出这些倾向；但在神经症患者身上，这些冲动本身变得非常重要，不管它们可能会给他带来什么不利或痛苦。对他来说，能够羞辱他人、剥削他人或欺骗他人，就是一种优越的胜利；如果不能这样做，那就是一种失败。神经症患者由于无法占别人便宜而产生的愤怒，在很大程度上都源于这种挫败感。

如果个人主义的竞争精神充斥于整个社会，那么它必定会损害两性之间的关系，除非男性和女性的生活领域是严格分开的。然而，神经症竞争却由于它所具有的破坏性，会比一般的竞争造成更大的损害。

在恋爱关系中，神经症患者想要挫败、征服、侮辱对方的倾向有着重大的影响。性关系变成了征服、贬低对方，或被对方征服、贬低的一种手段，这显然与性关系的本质是相悖的。这种情形通常会发展为弗洛伊德所描述的男性爱情关系中的分裂：一个男人可能只对那些低于自己标准的女人产生性欲，而对他所爱和仰慕的女人既没有欲望也没有能力完成性爱。对这种人来说，性交与羞辱倾向交织在一起，因此，他会抑制自己对所爱或能爱的女人的性欲。这种态度通常可以追溯到他的母亲，他感觉曾受到母亲的羞辱，并希望反过来羞辱她，但出于恐惧，他把这种冲动隐藏在过度的忠诚背后。这种情形通常被描述为固着作用（fixation）[1]。在以后的生活中，他通过把女人分成两种类型来解决

1　固着作用，一般指个体的"力比多"停滞在某个阶段而没有向前发展。——译者注

这个问题；他对自己所爱的女人残留的敌意表现为在现实中对她们的挫败。

如果这种男人和一个地位或个性与他相当或比他优越的女人交往，他常常会暗地里瞧不起这个女人，为她感到羞耻而不是骄傲。他可能对这种反应非常困惑，因为在他的意识里，一个女人并不会因为建立性关系而失去价值。他并不知道自己有一种强烈的冲动，他希望通过性关系来贬低女性，他在感情上认为她已经变得可鄙了。因此，他为这个女人感到羞耻是合乎逻辑的反应。同样，一个女人也可能非理性地为她的情人感到羞耻，表现为不愿让人看见他们在一起，或者对他的优秀品质视而不见，并因此很少对他表示欣赏。精神分析表明，她同样有贬低伴侣的无意识倾向。[1] 通常情况下，她对女性朋友也有这种倾向，但由于个人原因，这种倾向在她与男性的关系中更突出。造成这种情形的个人原因可能有很多种：对某个受宠的兄弟的怨恨；对软弱的父亲的蔑视；认为自己魅力不够，因此预期会遭到男人的拒绝。此外，她也可能对女性感到非常恐惧，以至于不敢对她们表现出羞辱倾向。

和男人一样，女人也可能会充分意识到自己想要征服和羞辱异性的意图。一个女孩可能出于一种直白的动机，即把这个男人

1　多里安·费根鲍姆（Dorian Feigenbaum）在一篇论文中记录了这样的案例，这篇论文将发表在《精神分析季刊》上，题为"病态的羞耻"（Morbid Shame）。然而，他的解释与我的不同，因为在最后的分析中，他把羞耻追溯到阴茎嫉妒。在精神分析文献中，很多被认为是女性阉割倾向的东西，都追溯到对阴茎的嫉妒，但在我看来，这是一种羞辱男性的愿望的结果。

置于她的股掌之中，从而开始一段恋情。或者，她可能故意引诱男人，一旦他们对她有了感情，她就会抛弃他们。然而，这种羞辱男性的欲望通常是无意识的。在这种情况下，这种欲望可能以许多间接的方式表现出来。例如，它可能表现为情不自禁嘲笑男人的求爱。或者，它也可能表现为性冷淡，她借此告诉男人，他无法使她满足，因此成功地羞辱了他，特别是如果这个男人本身就对女性的羞辱有神经症恐惧。相反的一面通常也会出现在同一个人身上，这就是感觉自己在性关系中受到羞辱、贬低和虐待。在维多利亚时代，女人把发生性关系视作羞辱，这是一种文化模式。只有当这种关系被合法化和变得冷淡时，这种感觉才会减弱。在过去的 30 年里，这种文化的影响已经日益削弱，但它仍然相当强大，足以解释这一事实，即女性比男性更经常感到性关系伤害了她们的尊严。这种感觉也可能导致性冷淡，或者完全避免与男性接触，尽管她内心渴望与他们交往。这种女性可能通过受虐幻想或变态行为获得继发性的满足；但她仍然会对男人产生极大的敌意，因为她预期会受到羞辱。

一个对自己的男性气概极不确信的男人，很容易怀疑自己被接受只是因为这个女人需要性满足，即使有足够的证据表明对方是真心喜欢他；因此，他会因为这种被利用的感觉而产生怨恨。或者，一个男人会觉得女人在性爱时没有反应是不可忍受的羞辱，因此他会过分担心她能否得到满足。在他看来，这种极大的关注似乎就是一种体贴。然而，在其他方面，他可能十分粗鲁，根本不懂得体贴。这一点表明，他对女人是否得到满足的关注，

167

仅仅是为了自己免受羞辱。

患者掩盖贬低或挫败他人的冲动主要有两种方式：一种是通过崇拜的态度将其掩盖，另一种是通过怀疑的态度将其理智化。当然，怀疑的态度也可能是因为真的存在智力分歧，意见不一。只有把这些真正的怀疑完全排除，我们才能合理地寻找隐藏的动机。这些动机可能隐藏得不深，也许只要简单地质问这些怀疑的合理性，就会引发焦虑。有一个患者，每次面谈时都粗鲁地贬低我，尽管他自己没有意识到这一点。后来，当我问他是否真的相信自己的怀疑，认为我在某些方面没有能力时，他的反应是立刻出现了严重的焦虑。

如果这些贬低或挫败他人的冲动被崇拜的态度所掩盖，这个过程就变得更复杂了。那些在内心深处想要伤害和侮辱女性的男人，在他们的意识里可能会把女性放在很高的位置上。那些在无意识中总是想要挫败和羞辱男性的女人，则可能对男性产生英雄崇拜情结。与正常的英雄崇拜一样，神经症患者的英雄崇拜也可能涉及真正的价值感和伟大感，不同之处在于，神经症患者的英雄崇拜是两种倾向的妥协：一种是对成功的盲目崇拜，不管它有何价值，因为他自己就有这种愿望；另一种则是他的伪装，掩盖他对成功者的破坏性愿望。

某些典型的婚姻冲突，也可以在此基础上加以理解。在我们的文化中，这些冲突往往更多涉及女性，因为对男人来说，有更多的外部激励和更多的机遇帮助他获得成功。假设一个有英雄崇拜情结的女人嫁了一个男人，原因是这个男人现有的或潜在的成功吸引了她。因为在我们的文化中，妻子通常会在一定程度上分享丈夫的成功，所以只要这种成功继续，就可以给她带来某些满足。但是，她陷入了一种冲突的情境：她因为丈夫的成功而爱他，同时，又因为他的成功而恨他；她想破坏他的成功，但又不能这样做，因为她想要通过分享来间接地享受成功。这样一位妻子，可能会通过浪费来威胁丈夫的财产安全，通过无理取闹来破坏丈夫的平静，通过狡猾的贬低态度来摧毁丈夫的自信，这些做法全都暴露了她想破坏丈夫成功的愿望。或者，她可能会无情地驱使丈夫努力向前以取得越来越大的成功，而丝毫不考虑他自身的幸福，这一举动也暴露了她的破坏性愿望。一旦出现任何失败的迹象，这种怨恨就会变得更加明显。尽管在丈夫成功的时候，她可能在各方面都表现得像一个贤淑的妻子；但现在，她会转而反对她的丈夫，而不是帮助他、鼓励他。因为，只要她能够分享丈夫的成功，仇恨心理就会被掩盖起来，但只要丈夫流露出失败的迹象，这种仇恨心理就会公开发作。所有这些破坏性的活动，都可能在爱和崇拜的伪装下隐秘地进行。

我们还可以举出另一个常见的例子，说明爱是如何被用来补偿由野心产生的破坏性冲动。有一个女人独立自主、精明能干、事业有成。但是结婚之后，她不仅放弃了自己的工作，而且养成了一种依赖的态度，似乎完全放弃了过去的野心，所有这些我们不妨描述为她"变成了真正的女人"。通常情况下，她的丈夫会感到失望，因为他希望找到一个出色的伴侣，结果却发现妻子并不与他共同奋进，而只是把她自己放在他的羽翼之下。一个经历这种变化的女人，往往对自己的潜能产生神经症的疑虑。她隐隐约约地感到，如果能嫁给一个成功的男人，或者至少是她觉得有可能成功的男人，那么实现她的雄心壮志——即使只是安全感——就会更有把握。到目前为止，这种情况不一定会引起困扰，也可能会有令人满意的结果。但是，患有神经症的女性往往在内心深处拒绝放弃自己的野心，对丈夫充满了敌意，而且根据神经症患者"非黑即白"（all-or-nothing）的原则，她们会陷入一种无意义感，最终成为一个可有可无的人。

如我前面所说，这种反应更常见于女性而不是男性，其原因可以在我们的文化情境中找到，这种文化情境把成功归于男人的领域。这种反应并不是女性所固有的特征，这一事实表明，如果情形正好相反，也就是说，如果女人碰巧更聪明、更强大、更成功，男人也会做出同样的反应。由于我们的文化相信，除了爱情，男人在其他方面都比女人优越，所以男人身上的这种态度，很少需要借助崇拜来加以掩盖。它通常公开、直接地表现出来，对女人的工作和利益造成损害。

这种竞争精神不仅会影响当前男女之间的关系，甚至还会影响到对伴侣的选择。在这一方面，我们从神经症患者身上看到的，不过是一幅放大了的画面，这幅画面描绘了在竞争的文化中司空见惯的现象。在正常人中，对伴侣的选择也受制于对名誉或财富的追求，也就是说，取决于性爱领域之外的动机。但在神经症患者身上，这些外在因素的影响可能是压倒一切的。一方面是因为他对于优势、名誉、支持的追求，比一般人更具强迫性，更加僵化；另一方面则是因为他与别人的关系，包括与异性的关系，已经过于恶化，以至于他无法做出恰当的选择。

破坏性竞争可能从两方面促进同性恋倾向：第一，它让一个人完全不与异性接触，以避免与同性进行性方面的竞争；第二，它所引起的焦虑需要安全感来缓解，正如前面所指出的，对安全感的需要通常是依附于同性伴侣的原因。在分析的过程中，如果患者和分析师是同性，那么经常可以观察到破坏性竞争、焦虑和同性恋冲动之间的联系。这样的患者有可能在一段时期内吹嘘自己的成就，并且贬低分析师。一开始，他会采取伪装的形式，因此根本意识不到自己的所作所为。后来，他会意识到自己的态度，但它仍然与他的情感相分离，他仍然没有意识到它背后的情绪多么强大。再后来，他逐渐感觉到自己对分析师的敌意所产生的影响，越来越感到不安，并伴随着焦虑、心悸和烦躁，这时他突然做了一个梦，梦见分析师拥抱了他，他也开始意识到自己希望或幻想与分析师有亲密接触，这就表明他有减轻焦虑的需要。在患者最终能够正视自己的竞争问题之前，这一系列的反应可能会反复出现多次。

因此，简而言之，崇拜或爱可以用来掩饰挫败别人的冲动，具体方法如下：通过使破坏性冲动藏于无意识中不为自己所知；通过在自己与竞争对手之间制造一段不可逾越的距离，从而完全消除竞争；通过替代性地享受成功或与其分享成功；通过安抚竞争对手从而避免他的报复。

虽然这些关于神经症竞争对两性关系的影响的论述还不够详

尽，但它们足以表明这种竞争如何导致两性关系受到损害。这个问题之所以非常重要，是因为在我们的文化中，竞争削弱了两性之间建立良好关系的可能性，而这同时又会产生焦虑，从而使人们更加渴望完美的两性关系。

第 12 章

回避竞争

由于神经症竞争所具有的破坏性，它必然会引起大量的焦虑，从而导致患者回避竞争。现在的问题是，这种焦虑从何而来呢？

不难理解，其中一个来源是，神经症患者害怕自己对野心的冷酷追求会遭到报复。一个人如果看到别人成功或想要成功，就羞辱他们，打击他们，踩压他们，那么他必然害怕别人也同样想挫败自己。但是，这种对报复的恐惧，尽管存在于每个成功者身上——只要他的成功是以牺牲他人为代价的，但它并不能完全解释，为什么神经症患者的焦虑会与日俱增，进而对竞争加以抑制。

经验表明，仅仅对报复的恐惧，并不一定导致抑制作用。相反，它可能只会使人在想象或现实中，对他人产生嫉妒、敌意或怨恨，进行冷血的算计；或者试图扩张自己的势力范围，以避免遭受任何失败。某一类的成功人士只有一个目标，那就是获得权力和财富。但是，如果把这类人的性格结构与典型的神经症患者做个比较，就会发现一个显著的区别。那些冷酷无情地追求成功的人，并不在乎别人的关爱。他不需要也不期望从别人那里得到什么，既不需要帮助也不需要任何施舍。他知道，他可以通过自己的力量和努力得到他想要的。当然，他会利用别人、与人合作，但只有在别人献出良策、有助于他实现目标时，他才会关注别人的建议。在他看来，为爱而爱是毫无意义的。他的欲望和他的防御机制只沿着一个方向前进，那就是权力、名誉、财富。即使一个人由于内心冲突被迫做出这种行为，如果他的内心没有任何东西干扰他的追求，他也不会发展出通常的神经症特质。恐惧只会促使他更加努力，获取更多成功，变得更加无敌。

然而，神经症患者会追求两个互不相容的目标：一方面他努力追求"唯我独尊"的统治地位；另一方面又极其渴望得到所有人的爱。这种夹在野心和爱之间的处境，是神经症患者的核心冲突之一。神经症患者为什么害怕自己的野心和需求，为什么不愿承认它们，为什么会压抑或回避它们，主要就是因为他害怕失去爱。换句话说，神经症患者之所以抑制自己的竞争行为，并不是因为他有特别严厉的"超我"，不允许他展现过分强大的攻击性，而是因为他发现自己陷入了困境，拥有两种同样迫切的需要：一个是他的野心，另一个是他对爱的渴求。

这个困境实际上是无法解决的。一个人不可能既把别人踩在脚下，同时又得到他们的爱。然而，神经症患者身上所承受的压力实在太大了，以至于他确实企图解决问题。一般而言，他试图以两种方式来解决问题：一是为自己的支配欲，以及因其不满而产生的抱怨进行辩护，使其合理化；二是抑制自己的野心。至于他为何要合理化，我们可以谈得简略一些，因为他为合理化自己的攻击性所做的努力，与我们之前讨论的获取爱的方式及其合理化具有相同的特征。这里与前面一样，合理化也是一种重要的策略：它试图使这些需要变得无可非议，这样就不会阻碍他去获取爱。如果在一场竞争中，他为了羞辱或打击别人而贬低他们，那么他会深信自己是完全客观的。而如果他想剥削和利用别人，他会相信并试图让别人也相信，他此刻非常需要他人的帮助。

正是这种合理化的需要，比其他任何事物都更有效地将一种微妙的、隐蔽的不真诚渗透到一个人的人格中，即使这个人在本质上可能是诚实的。它还解释了那种顽固的自以为是（self-righteousness），这是神经症患者身上常见的一种性格倾向，有时候很明显，有时候则隐藏在顺从甚至自责的态度背后。这种自以为是的态度常常与"自恋"（narcissistic）的态度相混淆。事实上，它与任何一种"自爱"（self-love）都没有关系；它甚至不包含任何自满或自负的成分，因为与表面情况相反，患者从来没有真正相信自己是正确的，他只有一种不断想让一切看起来合理的迫切需要。换句话说，这是一种防御态度，患者迫切需要解决某些问题，而这些问题归根结底是由焦虑引起的。

对这种合理化需求的观察，很可能是启发弗洛伊德提出严厉的"超我"概念的因素之一；神经症患者对于破坏性驱力所做出的反应，常常屈服于这个严厉的"超我"。这种合理化需求还有另一个方面，启发我们做出这样一种解释：合理化不仅是与他人交往不可或缺的策略性手段，而且，在许多神经症患者身上，它也是满足自我需要的一种手段，即让他们在自己眼中看起来无可指责。在后面讨论罪疚感在神经症中所起的作用时，我会再回到这个问题上来。

神经症竞争中包含的焦虑所产生的直接后果，就是对失败的恐惧以及对成功的恐惧。对失败的恐惧，在某种程度上是害怕遭受他人羞辱的表现。任何失败都可能是一场灾难。一个女孩如果在学校里没有学会她应该了解的某种知识，那么她不仅会感到非常羞愧，还会觉得班上的其他女孩子都看不起她，并且会与她对立。这个反应会给她带来更大的压力，因为她经常把偶然发生的一些事件都看作失败，而事实上这些事情根本就不意味着失败，或者最多只能算是无关紧要的失败。举例来说，在学校里没有得到高分，在某次考试中有几道题没有做出来，举办了一场不算特别成功的舞会，在某次谈话中没有做到谈吐惊人。简而言之，任何没有达到自己高期望的事情都会被视作失败。任何一种拒绝，正如我们所见，神经症患者都会报之以敌意，都会将其视为一种失败，并因此将其视作一种侮辱。

神经症患者的这种恐惧可能会因为某种原因而加剧，比如，他担心别人知道他强烈的野心，继而对他的失败更加幸灾乐祸。在此，比失败本身更令他恐惧的是，他以某种方式表明自己正在与人竞争，而且他确实想要成功并且付出了努力，然后却遭到了失败。他觉得，单纯的失败是可以被原谅的，甚至还可能引起他人的同情而不是敌意；但一旦他对成功表现出兴趣，就会被一大群凶残的敌人所包围，这些敌人埋伏在那里，一旦看到任何虚弱或失败的迹象，就会猛扑上来击垮他。

患者因恐惧而产生的态度，随恐惧的内容不同而不同。如果重点是对失败本身的恐惧，他就会加倍努力，甚至会不顾一切地避免失败。若要对他的能力进行关键测试，例如考试或当众表演，他就会产生严重的焦虑。然而，如果主要是害怕别人看出他的野心，结果就会恰恰相反。他感受到的焦虑会使他对任何事都毫无兴趣，并且不做任何努力。这两种情形的对比非常值得注意，因为它表明了这两种恐惧——实际上是同一根源的，都是害怕竞争——如何产生出两种完全不同的特征。符合第一种模式的人，会为考试而疯狂努力；而符合第二种模式的人，则几乎什么都不干，可能还会明显地沉溺于社交活动或其他嗜好，以向别人表明他对考试毫无兴趣。

通常情况下，神经症患者意识不到自己的焦虑，而只能意识到由此产生的后果。例如，他可能无法集中精力工作。或者，他可能会产生疑病症的恐惧，比如害怕过度体力劳动导致心脏问题，或者害怕过度脑力劳动引起精神崩溃。或者，他可能在经历任何活动之后都变得疲惫不堪——当某项活动中包含了焦虑，它就很可能使人疲惫不堪——并利用这种疲惫来证明努力对他的健康有害，因此必须加以避免。

在他避免努力、不作为的过程中，神经症患者可能会沉迷于各种有趣的活动，从玩单人纸牌到举办舞会；或者，他可能采取一种看起来很慵懒的态度。例如，一个患有神经症的女人可能会穿着随意，她宁愿给人不注重穿着的印象，也不愿尝试去打扮，因为她觉得打扮得不好就会受人嘲笑。再如，有个女孩长得特别漂亮，但她自以为相貌平平，不敢在公共场合补妆，因为她担心别人会嘲讽她："这只丑小鸭竟然想让自己更有魅力，多么滑稽可笑！"

因此，一般而言，在神经症患者看来，不去做那些自己想做的事比较安全。他的格言是："安分守己，谦虚谨慎，最重要的是，不要引人注意。"正如凡勃伦[1]强调过的，炫耀性（conspicuousness）在竞争中发挥着重要的作用，比如炫耀性的悠闲、炫耀性的消费。相应地，回避竞争必然强调相反的一面，即避免炫耀。这就意味着要固守传统的标准，避免成为众人的焦点，不要显得与众不同。

如果这种回避倾向成了一种主要特征，它将使人不敢承担任何风险。不用说，这样的态度必然导致生命的极度贫乏，以及潜能的扭曲。因为，除非环境极其有利，否则，幸福或者任何成就的获得，都必然要承担风险和付出努力。

到此为止，我们讨论了患者对可能遭遇的失败的恐惧。但这只是神经症竞争中所包含的焦虑的表现之一。这种焦虑也可能表现为对成功的恐惧。在许多神经症患者身上，对他人的敌意所产

1　索尔斯坦·邦德·凡勃伦（Thorstein Bunde Veblen，1857—1929），挪威裔美国经济学家，提出某些商品或事件能够满足人类的虚荣心，是一种地位与财富的炫耀，所以受到人们的追捧，这类消费又被称为"炫耀性消费"。——译者注

生的焦虑非常强烈，以至于他们害怕成功，即使他们确定自己能够获得成功。

这种对成功的恐惧，源于患者害怕遭到他人的嫉妒，并因此失去他们的爱。有时候，这是一种有意识的恐惧。在我的患者中，有一位很有天赋的作家，由于她母亲也开始写作并且很成功，所以她完全放弃了自己的写作。过了很长一段时间，她又犹犹豫豫、忧心忡忡地拿起了笔，但此时，她害怕的不是写得不好，而是怕写得太好。这个女人在很长一段时间内什么事都做不了，主要原因就是她过度害怕别人会嫉妒她做的每一件事。因此，她把所有的精力都用来讨好别人，让别人喜欢她。这种恐惧也可能只表现为隐约的忧虑，担心如果自己取得了成功，就会失去朋友。

然而，对于这种恐惧，就像许多其他恐惧一样，神经症患者常常意识到的并不是他的恐惧，而只是由此恐惧产生的抑制。例如，这种类型的患者在打网球时，他可能会感到每当接近胜利时，就有什么东西阻止了他，使他不可能获胜。或者，他可能会忘记一个对他的未来有决定性意义的约会。如果在一次讨论或会谈中，他有什么比较中肯的意见，他可能会非常小声或者非常简略地表达出来，这样就不会给人留下任何印象了。或者，他会让别人拿着他的成就去邀功请赏。他也许会注意到，与某些人交谈时，他可以说得头头是道；而与另一些人交谈时，他却显得非常笨拙。与某些人在一起时，他可以像大师般演奏乐器，而与另一些人在一起时，他的表现却像个初学者。尽管他对这种不稳定的状态感到困惑，但是他无法改变它。只有当他意识到自己的回避倾向时，他才会发现，当他和一个不如自己聪明的人交谈时，他会不由自主地表现得更笨拙；或者当他与一个水平不高的音乐家一起演奏时，他就会情不自禁地演奏得更糟糕：而这一切都是因为他害怕自己的出色表现会伤害和羞辱他人。

最后，如果他确实有所成就，他不仅无法享受它，甚至会觉得这不是自己的经历。或者，他可能会贬低这种成就，把它归功于某种偶然的情境，或某些无足轻重的外部因素。另外，在成功之后，他可能会感到抑郁，部分是因为这种恐惧，部分则是因为一种未被认识到的失望，即实际的成功总是远远落后于他内心隐秘的过高期望。

因此，神经症患者的冲突情境，一方面来自他疯狂的、强迫性的独占鳌头的愿望，另一方面则来自同样强烈的冲动，即一旦有良好的开端或取得任何进展，他就必然克制自己。如果他做好了某件事，下一次必然做得很差。一堂课上得很成功，下一堂课必定很失败；治疗取得进展了，紧接着必然是旧病复发；给人留下好印象之后，下一次必然是坏印象。这一连串的事情反复发生，使他觉得自己在进行一场毫无希望的战争。他就像希腊神话中的佩内洛普[1]（Penelope）一样，每天晚上都把自己白天织好的

---

[1]　佩内洛普，英雄奥德修斯的妻子。在等待丈夫归来的过程中，为了拒绝不断上门的求婚者，她只好说，要为奥德修斯的父亲织一匹裹尸布，等织好之后，就考虑他们的要求。可是她白天织，晚上拆，这样织了三年也没织好。——译者注

布匹拆散。

因此，神经症患者人生路上的每一步都可能出现抑制：他可能完全地压抑住自己的雄心壮志，以至于什么工作都不去做；他可能试着去做某件事情，但无法集中精神或坚持到底；他也可能工作很出色，但一有成功的迹象就会退缩；而最后，他可能取得了杰出的成就，但是无法欣赏它，甚至也无法感受它。

在许多回避竞争的方式中，也许最重要的是，神经症患者在他的想象中，把自己与真实的或臆想的竞争对手拉开距离，使任何竞争都变得荒谬可笑，从而使其在意识中彻底消失。这种距离可以通过两种方式来实现：一种是把别人放在难以企及的位置上，另一种是把自己放在无比低下的位置上，使得任何关于竞争的想法或尝试都显得荒谬和不可能。这后一种过程，就是我下文要讨论的"自我贬低"。

自我贬低可以是一种有意识的策略，但正常人只会将其作为权宜之计。如果一位大画家的弟子画了一幅出色的画，但他又有理由害怕老师的嫉妒态度，那么他很可能会贬低自己的作品，以消除老师的嫉妒之情。然而，神经症患者对他贬低自己的倾向只有一点模糊的概念。如果他做了一件了不起的事，他会由衷地相信别人会比他做得更好；或者认为自己的成功不过是出于偶然，他不可能再做得这么好了；或者，他已经做得很好了，但他会鸡蛋里挑骨头，比如认为工作进度太慢了，以此来贬低自己的整体成就。例如，一个患有神经症的科学家可能有时会对自己领域的某些问题感到不解，以至于他的朋友们不得不提醒他，他本人曾经写过关于这方面的论文。当有人向他提出一个愚蠢或无法解答的问题时，他往往觉得是因为他自己愚蠢；当他阅读一本自己隐约觉得不能同意其中观点的著作时，他不是通过批判性的思考去考量一番，而是倾向于认为自己太笨了，以至于看不懂这本书。他也许会抱着这样一种信念：他设法对自己保持着一种批判和客观的态度。

这样的人不仅认为自己低人一等，而且对此深信不疑。尽管他会抱怨这种自卑感，而且会因此感受到痛苦，但他根本不接受任何反驳的证据。如果有人认为他在某方面很有能力，他会坚持认为自己被高估了，或者他只是成功地唬住了别人。我之前提到过的那个女孩，经历了哥哥对她的羞辱之后，在学校里变得野心勃勃；她在班上总是名列前茅，并被认为是一个聪明的学生，但在她自己心中，她仍然相信自己非常愚蠢。有些女人只要照一下镜子，或者留意一下男人的回头率，就足以证明自己的魅力，但她仍然相信自己没什么吸引力。有些人直到 40 岁时还坚信自己太年轻了，不能发表自己的意见或发挥领导作用；而过了 40 岁，他又可能感觉自己太老了。有位著名的学者，一直对别人向他表示敬重感到惊讶，在他自己的感觉中，他始终觉得自己不过是个无足轻重的平常人。别人的赞美，在他看来只是空洞的奉承或者是别有用心，甚至还会引发他的愤怒。

这种现象非常普遍，表明了自卑感——可能是我们这个时代最常见的罪恶——具有非常重要的功能，并因此得到人们的维护和捍卫。这种自卑感的价值在于，通过降低一个人在自己心中的地位，从而把自己置于他人之下，抑制自己的野心，与竞争有关的焦虑就会减轻。[1]

顺便提一下，我们不应忽视，自卑感有可能真的削弱一个人的地位，因为它确实会损伤一个人的自信。一定程度的自信是取得任何成就的先决条件，不管这种成就是随性调制沙拉酱，是推销商品，是捍卫自己的观点，还是给潜在的朋友留下好印象。

一个有强烈自我贬低倾向的人，可能会梦见他的竞争对手超过了自己，或者他自己在其中处于劣势。因为毫无疑问，他在潜意识里希望战胜竞争对手，所以这样的梦可能与弗洛伊德的观点相矛盾，后者认为梦是愿望的满足。然而，我们不能过于狭隘地理解弗洛伊德的观点。如果直接的愿望满足包含了太多的焦虑，那么减轻这种焦虑就比直接的愿望满足更加重要。因此，当一个害怕自己野心的人梦见自己被人打败，这并不表示他希望失败，而只表示他宁愿失败，因为失败对他来说危害更小。我有一个病人，在治疗期间计划做一次演讲，当时她正不顾一切想要挫败我。有一天，她做了一个梦，梦见我正在做一个成功的演讲，而她坐在听众席上，谦卑地欣赏着我。同样，一个野心勃勃的老师，可能会梦见他的学生变成了老师，而自己连作业都不会做。

---

1 D. H. 劳伦斯（D. H. Lawrence）在小说《虹》（The Rainbow）中生动地描述了这种反应："这种奇怪的残酷感和丑陋感总是近在眼前，随时准备跳出来抓住她；一群乌合之众怀着强烈的嫉妒伏在一旁等候着她，因为她与众不同，这种感觉对她的生活造成了深刻影响。无论她在哪里，在学校，在朋友中间，在大街上，在火车上，她都本能地贬低自己，使自己变得渺小，假装不如自己的实际状况，因为她害怕自己未被发现的自我会被人看出来，会遭到平凡的、普通的自我的强烈仇恨和猛烈攻击。"

184

自我贬低在多大程度上抑制了野心，也可以从以下事实得到证明：一个人被贬低的能力通常是他最希望超越别人的能力。如果他的野心是智力方面的，那么聪慧就是他实现野心的工具，并因此受到贬低。如果他的野心是性欲方面的，那么外貌和魅力就是他的工具，因此它们会遭到贬低。这种联系是如此普遍，以至于根据一个人自我贬低的倾向，就可以推测出他最大的野心在哪里。

　　到目前为止，我们所讨论的自卑感与事实上的缺陷并无任何关系，我们只是将其作为回避竞争的倾向所产生的结果。但它真的与实际存在的缺陷，与我们对实际缺陷的认知毫无关系吗？事实上，它是实际的缺陷和想象的缺陷共同作用的结果：自卑感是由焦虑所激发的自我贬低倾向，与对实际存在的缺陷的认知的结合。正如我多次强调过的，我们最终是无法欺骗自己的，尽管我们可以成功地将某些冲动拒之于意识之外。因此，我们所讨论的这种类型的神经症患者，在内心深处，他知道自己有必须隐藏起来的反社会倾向，他知道自己的态度一点也不真诚，知道自己的伪装与表象之下的暗流有很大不同。他记录下（registering）所有这些差异，正是导致他产生自卑感的一个重要原因；尽管他从未清晰地认识到这些差异的源头，因为它们来源于受压抑的冲动。由于不知道它们的来源，所以他给自己的关于自卑的理由，很少是真正的理由，而只是一种合理化解释。

　　患者之所以觉得他的自卑感意味着实际存在的缺陷，还有另外一个原因。那就是，他在自己的野心之上，建立起了关于自身价值和重要性的种种幻想，所以他禁不住要拿自己的实际成就与幻想中的天才或完人做比较；而在这种比较中，他的实际行动和能力显然低劣得多。

所有这些回避倾向的最终结果是，神经症患者会遭遇真正的失败，或者至少不会达到与其天赋、机遇相匹配的高度。那些与他同时起跑的人超过了他，有了更好的事业，取得了更大的成功。这种落后的局面并不仅仅指外在的成功。随着年龄的增长，他会越来越感到自己的潜能和实际成就之间的差距。他敏锐地感觉到，自己的天赋，不管是什么样的天赋，都将被白白地浪费掉；他的人格发展受到了阻碍，他没有随着时间的推移而变得成熟。[1] 当他意识到这种差距时，他的反应是一种隐约的不满，这种不满并不是受虐性质的，而是真实恰当的。

正如我已经指出的，潜能和实际成就之间的差距，也有可能是外部环境造成的。但在神经症患者身上，这种差距是由他的内在冲突所致，这是神经症的一个永恒的特征。他在现实中遭遇的失败，以及由此导致的潜能和成就之间日益增加的差距，不可避免地会强化他现有的自卑感。因此，他不仅认为自己不如理想中的样子，而且事实也给他如此感觉。由于自卑感有了现实的基础，所以这种差距的影响就更大了。

与此同时，我提到过的另一个差距——高涨的野心与相对贫

1　荣格（C. G. Jung）曾经明确地指出过这个问题，即一个人的发展在 40 岁左右会受到阻碍。但是，他并没有认识到导致这种情形的种种条件，因此也没有找到任何令人满意的解决方案。

乏的现实之间的差距——也变得让人难以忍受，以至于需要补偿措施。于是，作为一种补偿，幻想应运而生。神经症患者越来越多地用浮夸的想法来代替可实现的目标。对他而言，这些夸张的想法的价值是显而易见的：它们掩盖了他那难以忍受的渺小感；它们使他感受到自己的重要性而又不需要进入任何竞争，因而也就不会招致任何失败或成功的危险；它们容许他建立一座比任何可实现的目标都要宏伟的妄想之城。正是这种夸张幻想的毫无出路的价值，使其成了危险的幻想，因为与笔直的大道相比，这种毫无出路的死胡同，对神经症患者来说具有某种明确的好处。

神经症患者的这种夸大幻想，应该与正常人和精神病患者的夸大幻想区分开来。有时候，即使正常人也会觉得自己了不起，认为自己做的事情无比重要，或者沉溺于自己要干一番大事的幻想中。但这些念头和幻想不过是生活的点缀，他并不会把它们太当回事。而有夸大幻想的精神病患者处在另一个极端。他坚信自己是一个天才，是日本天皇，是拿破仑，是耶稣，并且拒绝一切与其信念相悖的现实证据；他完全不能领会任何人的提醒，即他事实上不过是一个可怜的门卫，是精神病院里的病人，是他人轻视或嘲笑的对象。即使他意识到了现实和幻想的差异，他还是会认同自己的夸大幻想，并认为别人根本不了解情况，或者是他们故意轻视他，想要伤害他。

神经症患者介于这两个极端之间。如果他意识到这种夸大的自我评价，他会像正常人一样对其做出反应。例如，他梦见自己乔装成皇亲国戚，他会觉得这样的梦很荒唐可笑。然而他的夸大幻想，尽管在意识中被当作虚幻的事物加以抛弃，但在情感上却具有实际价值——类似于它们对精神病患者的价值。在这两种情况下，夸大幻想存在的原因是一样的，即它们具有一种重要的功能。尽管这些夸大幻想很脆弱、不稳定，但它们是患者自尊的支柱，因此，他不得不紧紧抓住不放。

在自尊受到打击的情况下，这种功能的危险就会显露出来。于是，支柱崩塌，患者倒下，从此一蹶不振。例如，一个女孩本来充分相信自己被人所爱，但有一天她发现对方没下定决心要娶她。在一次谈话中，那个男孩告诉她，他觉得自己太年轻，太缺乏经验，还不想结婚；他认为，在自己被婚姻束缚之前，最好多接触一些其他女孩。她无法从这一打击中恢复过来，变得抑郁，开始对工作缺乏信心，对失败产生了巨大的恐惧。随之而来的是，她想要逃离一切，既不愿见人，也不愿工作。这种恐惧是如此强烈，以至于即使是鼓舞人心的事情，比如那个男孩后来又决定娶她，或者她因为出色的能力得到一份更好的工作，也不足以使她感到安心。

与精神病患者不同，神经症患者会痛苦地、不由自主地准确记录下现实生活中与其幻想不相符的无数琐事。因此，他的自我评价总是摇摆不定，一会儿觉得自己很伟大，一会儿又觉得自己毫无价值。他随时都可能从一个极端转向另一个极端。在他对自己的非凡价值深信不疑的同时，可能又会惊讶于真的有人崇拜他。或者，在他感到痛苦和被践踏的同时，可能又会因为别人认为他需要帮助而感到愤怒。他的敏感就像一个周身酸痛的人，最轻微的触碰都会使他立即退缩。他很容易感受到伤害、轻视、忽视、怠慢，并报以相应的愤怒和怨恨。

在这里，我们又一次看到"恶性循环"在发挥作用。尽管这些夸大的幻想可以提供安全感和些许支持——即使只是以一种想象的方式，但它们不仅强化了回避倾向，而且以敏感为媒介导致了更大的愤怒，并因此产生了更大的焦虑。诚然，这里说的是严重神经症的状况，但在轻微的程度上，它也可以出现在不那么严重的病例中，甚至可能连患者本人都不知情。然而，一旦神经症患者能够从事某种建设性的工作，一种良性循环就会开始。通过这种方式，他的自信心得到增强，因此他的夸大幻想也就没多大必要了。

神经症患者缺乏成功——在任何方面都落后于人，不管是事业还是婚姻，安全感还是幸福感——这使得他嫉妒别人，并因此强化了由其他来源所产生的嫉妒倾向。当然，有许多因素可能导致他压抑自己的嫉妒态度，比如性格中固有的高贵，坚信自己没有权利争取任何东西，或者根本没有认识到自己当前的不幸。但是，这种嫉妒越受到压抑，就越可能投射到他人身上，结果有时会产生一种近乎偏执的恐惧，害怕别人嫉妒他的一切。这种焦虑可能非常强烈，以至于他碰到什么好事情，比如得到新工作、受到他人赞赏、中大奖、走桃花运，就总是感到焦虑不安。因此，这可能会极大地强化他的回避倾向，使他避免拥有任何事物或取得任何成功。

我们暂时抛开细节不谈。神经症患者对权力、名誉和财富的追求所形成的"恶性循环",可以粗略地概括如下:焦虑、敌意、受损的自尊——追求权力和其他类似事物——增强的敌意和焦虑——回避竞争的倾向(伴随着自我贬低的倾向)——失败,以及潜能与实际成就之间的差异——增强的优越感 [1](伴随着对他人的嫉妒)——增强的夸大幻想(伴随着对被人嫉妒的恐惧)——增强的敏感性(伴随着新产生的逃避倾向)——增强的敌意和焦虑,如此循环往复。

然而,为了充分理解嫉妒在神经症中所扮演的角色,我们必须从更综合的角度来加以考虑。不管神经症患者是否有所意识,他不仅是一个非常不快乐的人,而且他看不到任何摆脱痛苦的机会。外人可以看出来他在寻求安全感的尝试中形成了恶性循环,而神经症患者本人觉得自己陷入了绝望无助的天罗地网。正如我的一位患者所描述的,他感觉自己被困在一个有许多扇门的地下室里,不管他打开哪扇门,都只会被引入新的黑暗。而他自始至终都知道,别人此刻正在阳光下散步。我认为,认识不到神经症中所包含的让人无力的绝望,就不可能理解任何严重的神经症。有些神经症患者会毫不含糊地表达他们的愤怒,而有些神经症患者则用一种看上去乐观或无所谓的态度将其掩盖。因此我们可能很难发现,在所有那些古怪的虚荣、需求和敌意的背后,是一个正在受苦的人,一个感觉自己永远被排除在幸福人生之外的人,一个知道即使得到了自己想要的东西也无法享受的人。如果我们

1　此处原文为 superiority feelings, 即优越感;但根据文意,个人觉得应为 inferiority feelings, 即自卑感。——译者注

认识到所有这些绝望和无助的存在，就应该不难理解那些看起来过分的攻击，甚至是刻薄的态度或难以解释的行为。一个完全被排除在幸福之外的人，如果不对那个他无法归属的世界感到仇恨，那么他就是不折不扣的天使了。

现在，我们回到嫉妒的问题。这种逐渐发展形成的绝望，正是嫉妒持续滋生的基础。它并不是对某些特殊事物的嫉妒，而是像尼采所描述的"生活在嫉妒中"（Lebensneid），是一种普遍的嫉妒，针对每一个感到更安全、更平静、更快乐、更坦率、更自信的人。

如果一个人心中产生了这种绝望感，无论这种感觉是接近还是远离他的意识，他都会试图加以解释。他不会像分析师那样，认为它是一种势不可当的过程的结果；相反，他会认为这要么是别人造成的，要么是自己造成的。通常他会同时责备自己和别人，尽管一般情况下，这两种根源中只有一个比较突出。当他把责任推到别人身上时，就会产生一种指责、控诉的态度，它可能指向一般的命运，指向环境，也可能指向具体的人，比如父母、老师、丈夫、医生。正如我们不断提到的，神经症患者对他人的要求，在很大程度上可以从这个角度来理解。神经症患者的思路是这样的："既然你们要为我的痛苦负责，那么你们就有义务帮助我，我也有权利要求你们这样做。"当他在自己身上寻找罪恶的根源时，他会觉得自己的痛苦是罪有应得。

我们说神经症患者倾向于把责任推给别人，这可能会使人们产生误解。听起来好像是说，神经症患者的控诉是毫无根据的。

事实上，他有充分的理由提出控诉，因为他确实受到了不公正的待遇，尤其是在童年时期。但他的控诉中也有神经症的成分：这些控诉往往代替了朝向积极目标的建设性努力，而且通常情况下是盲目的、不加区分的。例如，这些控诉可能指向那些想要帮助他的人；同时，对那些真正伤害他的人，他又可能完全感受不到愤怒，也无法表达他的控诉。

第 13 章

神经症罪疚感

在神经症的明显症状中，罪疚感似乎扮演着一个至关重要的角色。在某些神经症中，这些感觉源源不断地公开表现出来；在另一些神经症中，它们更善于伪装，但仍然会通过行为、态度、思维和反应方式透露出来。在这里，我将首先以概述的形式讨论表明罪疚感存在的各种表现。

正如上一章所提到的，神经症患者往往觉得自己不配拥有更好的东西，以此来解释自己所受的痛苦。这种痛苦的感觉可能相当模糊、不可明辨，或者依附于某些被社会所禁忌的思想或行为，比如自慰、乱伦愿望、希望亲人死掉。这一类人通常稍有风吹草动，就会产生罪疚感。如果有人要求见他，他的第一反应就是他干了某件坏事，对方是来找他算账的。如果朋友有一段时间没来看他，或者没有给他写信，他就会问自己，是不是哪里得罪了他们。如果事情出了什么差错，他总认为是自己的问题。即使明显是别人的问题，明显错怪了他，他还是设法责怪自己。如果有任何利益冲突或争论，他也会盲目地认为别人是对的。

这些潜在的、伺机浮现的罪疚感，与抑郁状态下明显的、被解释为无意识的罪疚感，两者之间只有一条波动的分界线。后者采取自责的形式，这些自责常常是荒诞的，或者至少是夸张的。同样，神经症患者不断努力在自己和他人的眼中表现得合乎情理，尤其是当这些努力的巨大战略价值没有得到认可时，这也暗示了他们心中存在一种浮动的、有待深究的罪疚感。

　　神经症患者萦绕于心的对被看穿或反对的恐惧，进一步暗示着这种弥散性的罪疚感的存在。在与分析师讨论的过程中，他可能表现得好像彼此是罪犯和法官的关系，这使得他在分析过程中很难合作。他会把分析师的每一个解释，都视为对他的指责。例如，如果分析师向他表示，在某种防御态度的背后隐藏着焦虑，他就会回答："我知道我是个懦夫。"如果分析师解释说，他不敢接近别人是因为害怕遭到拒绝，他会承担全部责任并说明，这样做是想让生活更轻松愉快一些。在很大程度上，他对十全十美的强迫性追求，正是源于这种避免任何被人反对的需求。

　　最后，如果发生什么不利的事情，比如失去财富或发生意外，神经症患者可能感到更轻松自在，甚至他的某些症状还会消失。根据患者的这种反应，以及有时他似乎会安排或挑起不利事件——但愿是无意的，可能会导致我们做出一种假设：神经症患者存在强烈的罪疚感，以至于他需要用惩罚来消除它们。

　　因此，似乎有大量的证据表明，神经症患者身上不仅存在强烈的罪疚感，而且这些罪疚感对他人格的影响还非常大。但是，尽管有这些明显的证据，我们仍然要提出疑问：神经症患者意识中的罪疚感是否真的发自内心？而那些暗示着无意识罪疚感存在的症状性态度（symptomatic attitudes），是否可以做另一种解释？有几个因素促使我们提出这样的疑问。

第一个因素是，就像自卑感一样，罪疚感也并非完全不受欢迎，神经症患者并不急于摆脱它们。事实上，他会坚持自己的罪疚感，并抵制一切为他开脱的企图。这种态度本身就足以表明，在他对罪疚感的坚持背后，就像在自卑感中一样，必然存在某种具有重要功能的倾向。

第二个因素也应该牢记在心。真正对某件事感到后悔或羞耻是痛苦的，而向别人表达这种感受更令人痛苦。事实上，比起别人，神经症患者理应更不会这么做，因为他害怕遭到他人的排斥。然而，我们在这里所说的罪疚感，神经症患者却可以轻松地表达出来。此外，神经症患者的自责——经常被解释为意味着潜在的罪疚感——具有明显的非理性因素。不仅在他那具体的自责中，而且在他自认为不配得到任何友善、赞扬和成功的弥散性情感中，他都很有可能走向非理性的极端，从强烈的夸张到纯粹的幻想。

第三个表明神经症患者的自责不一定意味着真正的罪疚感的因素是：在无意识中，神经症患者根本就不相信自己是没有价值的。即使在他似乎沉浸于这种罪疚感时，如果别人表现出对他的自责信以为真，他也可能变得怒不可遏。

后一种现象引出了最后一个因素，弗洛伊德在讨论忧郁症患

196

者的自责时曾指出过这一点[1]：患者一方面表现出罪疚感，另一方面却缺乏本应该伴随的谦卑。神经症患者在声称自己没有价值的同时，可能会强烈地要求别人的关心和崇拜，还会表现出明显不愿意接受哪怕最轻微的批评。这种矛盾有可能非常明显，例如，有个女人对报纸上报道的每一桩罪行，都会产生一种模糊的罪疚感，甚至会因为任何一个亲人的去世而责备自己；但是，当她姐姐某次温和地责备她，说她不应该要求过多的关心和体谅，她竟然气得当场晕了过去。但这种矛盾并非总是如此明显；更多时候，它都隐藏在表面现象之下。神经症患者可能会把这种自责的态度，误认为一种合理的自我批评。他对别人批评的敏感，可能会被这一信念所掩盖，即只要批评以友好或建设性的方式提出，他就能很好地接受。但这一信念只不过是一块帷幕，而且与事实相矛盾。即使显而易见是友好的建议，也可能引起他的愤怒，因为任何形式的建议，都意味着批评他不够十全十美。

因此，如果仔细考察罪疚感，并检验它的真实性，我们就会发现，很多看起来像是罪疚的感觉，实际上是焦虑的表现，或是对焦虑的防御。在某种程度上，这一点也同样适用于正常人。在我们的文化中，人们认为畏惧上帝比畏惧人类要更高尚一些；或者用非宗教的话来说，出于良心而不去做某件事，比害怕被抓而

---

1 西格蒙德·弗洛伊德，《哀伤和忧郁症》（*Mourning and Melancholia*），《弗洛伊德文集》第 4 卷，第 152—170 页，精神分析出版社。卡尔·亚伯拉罕，《力比多发展史初探》（*Versuch einer Entwicklungsgeschichte der Libido*），精神分析出版社。

不做某件事要更高尚一些。许多男人假装出于良心而对妻子忠诚，实际上只是害怕妻子发现罢了。由于神经症患者存在大量的焦虑，因此，他们比正常人更倾向于用罪疚感来掩盖焦虑。与正常人不同的是，他不仅害怕那些可能发生的后果，还会预期与现实完全不相称的后果。这些预期的性质取决于当时的情境。他可能对即将到来的惩罚、报复或抛弃产生夸大的想法，或者他的恐惧可能完全是模糊的。但是，不论这些恐惧的性质如何，它们都是在同一个点上被引起的；我们大致可以将其描述为对被反对的恐惧。如果这种对被反对的恐惧已经构成一种信念，我们可以将其描述为害怕被人看穿。

这种对被反对的恐惧，在神经症患者中十分常见。几乎每一个神经症患者，即使在表面上看起来很自信，对别人的意见漠不关心，实际上他都极为害怕被反对、被批评、被指责和被人看穿，或者对它们极为敏感。正如我提到过的，这种对被反对的恐惧，通常被理解为标识了潜在的罪疚感。换句话说，这种恐惧往往被认为是罪疚感的结果。但是，批判性的观察使这个结论变得可疑。在分析过程中，患者常常发现他很难去谈论某些经历或想法——例如，与死亡愿望、手淫、乱伦愿望有关的——因为他对这些经历和想法感到非常罪疚，或者更确切地说，因为他相信自己罪孽深重。当他有了足够的信心来谈论这些经历和想法，并认识到它们并没有遭到医生的反对，这些"罪疚感"也就消失了。他们感到罪疚，是因为他的焦虑，因为他比别人更依赖于公众舆论，并因此天真地将其作为自己的判断。而且，即使在他决心说出导致罪疚感的经历后，那些具体的罪疚感消失了，他对被反对的普遍敏感性从根本上并没有改变。这一观察，让我们得出结论：罪疚感并不是害怕被反对的原因，相反，罪疚感是害怕被反对的结果。

由于这种对被反对的恐惧非常重要——无论是对罪疚感的形成，还是对罪疚感的理解，所以，我必须在这里先讨论一下它的内涵。

对被反对的不成比例的恐惧，可能会盲目地扩展至所有人，也可能只针对一些朋友——尽管神经症患者通常无法清楚地区分朋友和敌人。这种恐惧最初只涉及外部世界，而且或多或少，总与别人做出的反对有关，但它也可能发生内化。这种内化发生得越多，外界的反对就越来越不重要，而自我的反对变得越来越重要。

对被反对的恐惧可以表现为各种形式。有时，它表现为持续地害怕得罪他人。例如，神经症患者可能害怕拒绝别人的邀请，害怕提出不同的意见，害怕表达任何愿望，害怕不符合既定的标准，害怕以任何方式引人注目。它也可能表现为一直害怕别人了解自己；即使他感觉到别人喜欢自己，也倾向于向后退缩，避免被对方看穿，然后被抛弃。它还可能表现为，患者极不愿意让别人知道他的任何私事；或者对别人提出的任何关于自己的问题，都表现出极大的愤怒，因为他觉得这些问题企图窥探他的隐私。

这种对被反对的恐惧，是阻挠分析过程的重要因素之一，它使分析师进展不顺，且使患者痛苦不堪。尽管每个分析都各不相同，但所有分析都有一个共同点，即患者一方面渴望得到分析师的帮助，并希望对自己有所了解；但另一方面，他又必然会反抗分析师，把他视为最危险的入侵者。正是这种恐惧，使患者表现得好像一个站在法官面前的罪犯，而且像罪犯一样，他也暗暗下定决心，要否认自己的一切真实想法，并设法把医生引入歧途。

这种态度有时也会出现在梦中，患者可能梦见自己被迫坦白，而他对此感到非常痛苦。我有一个患者，在我们快要揭示他的某些压抑倾向时，做了一个在这方面很有意义的白日梦。他想象自己看见了一个小男孩，这个小男孩有一个习惯，那就是不时地到一个梦幻的小岛上寻求庇护。在那里，这个男孩成了一个由法律管辖的社区的一分子，法律禁止让外人知道这座小岛的存在，而且任何可能的入侵者都将被处死。有一个这男孩深爱着的人——虽然经过乔装打扮，但这个人实际上就是分析师——碰巧发现了通向这座小岛的道路。根据法律，这个人应该被处死。然而，这个男孩可以救他，只要他保证永远不会回到这座岛上。这个梦其实是患者内心冲突的一种艺术表现，这一冲突在整个分析中，自始至终都以某种形式存在着。它反映了患者对分析师既爱又恨的冲突——因为分析师想侵入他隐藏着的思想和情感中，还反映了患者既想保护自己的秘密又必须将其放弃的冲突。

如果这种对被反对的恐惧不是由罪疚感产生的，那么人们可能会问，为什么神经症患者会如此担心被人看穿和被人反对呢？

造成对被反对的恐惧的主要原因是，在神经症患者向外界和自己展示的"假面"与他隐藏在外表背后的所有受压抑倾向之间，存在着巨大的差异。尽管神经症患者因为不能表里如一，因为必须保持伪装而感到痛苦（他遭受的痛苦比他意识到的还要多），但他仍然必须竭尽全力维护这些伪装，因为它们代表了保护他免受潜在焦虑侵袭的堡垒。如果我们认识到，正是这些他必须加以隐藏的东西，构成了他对被反对的恐惧的基础，我们就能更好地理解，为什么某些"罪疚感"的消失并不能消除他的恐惧。事实上，除了罪疚感，需要改变的东西还有更多。坦白地说，正是他人格中的不真诚，或者更准确地说，正是他人格中的神经症成分，造成了他对被反对的恐惧，而他害怕被人发现的也正是这种不真诚。

至于他所隐藏的具体内容，首先是"攻击性"这一术语所涵盖的种种行为。这个术语不仅包括患者的应激性敌意，比如愤怒、仇恨、嫉妒、想要羞辱他人，还包括他对别人的一切隐秘要求。因为我已经详细讨论过这些要求，所以在这里只简单地说一下：他不想自力更生，不想通过自己的努力来获得想要的东西；相反，他在内心深处坚持做个寄生虫，依赖他人而活，无论是通过支配和剥削，还是通过温情、爱或顺从的方式。一旦有人触及了他的敌意性反应或他的隐秘要求，患者就会产生大量焦虑，这不是因为他感到罪疚，而是因为他发现自己获得所需支持的机会受到了威胁。

其次，患者想隐藏他的软弱感、不安全感和无助感，隐藏他无法坚持自我，隐藏他有多么焦虑。出于这个原因，他虚构了一个强有力的外表。但是，他对安全感的追求越是集中于支配他人，他的骄傲就越是与力量相关，他就越彻底地瞧不起自己。他不仅感觉到软弱中存在危险，而且认为软弱是可鄙的，不论是自己还是他人的软弱。同时，他还把任何弱点和不足都归为软弱，不管是不能独立自主，不能战胜自己内心的障碍，不得不接受他人的帮助，还是不能摆脱心中的焦虑。由于他在本质上瞧不起自己的任何"软弱"，而且他相信如果别人发现了他的软弱，同样也会瞧不起他，所以他不顾一切地努力隐藏这种软弱。但与此同时，他又总是担心自己迟早会被人看穿，于是焦虑持续不断地产生。

因此，罪疚感以及与之伴随的自责，并不是患者害怕被人反对的原因，而是其结果。不仅如此，它们还是对抗这种恐惧的一种防御措施，暂且将其作为避免被人反对的第一种方法。它们实现了获得安全感和掩盖真实问题的双重目标。而实现后一个目标只有两个方法：要么不让别人注意到应该被隐藏起来的东西，要么通过极端地夸大其词而使它们显得不真实。

我将举两个例子，它们可以说明很多情况。有一天，一个患者严厉地指责自己忘恩负义，指责自己成了分析师的负担，没有认识到分析师只收取了他很少的治疗费用。但在会谈结束的时候，他却发现自己忘了带当天要支付的费用。这只是他想不劳而获的众多证据之一。这里和别处一样，他那夸大其词、大而无当的自责，发挥了隐藏具体问题的作用。

再如，一个成熟而聪明的女人，因为自己小时候发脾气而深感罪疚，尽管她在理智上知道，以前发脾气是因为父母蛮横无理的行为，尽管她现在已不再相信，一个人必须对自己的父母无可非议。然而，她在这方面的罪疚感仍然非常强烈，以至于她倾向于把自己与男人性关系的失败，也看作因她敌视父母而受到的惩罚。通过把自己当前无法与男人建立性关系归咎于幼稚的愤怒，从而掩盖了实际上在起作用的因素，比如她自己对男人的敌意，以及她由于害怕被拒绝而退缩到一个壳里。

这些自责不仅可以让自己免于应对被人反对的恐惧，还可以通过说反话的方式，得到正面的安慰。即使不涉及任何外人，它们也可以提高神经症患者的自尊，使他获得安全感。因为自责意味着患者有敏锐的道德判断，他会为别人忽略的错误而责备自己，从而最终使他觉得自己是个了不起的人。更重要的是，这些自责让他松了一口气，因为它们很少涉及他对自己不满的真相，所以，事实上为他打开了一扇秘密的门，让他相信自己其实没有那么糟。

在进一步讨论自责倾向的作用之前，我们必须考虑避免被人反对的其他方法。第二种方法与自责相反，但能达到同样的目的，那就是让自己永远正确或完美，以此阻止任何批评，让别人的批评没有立足之地。在这种防御措施盛行的地方，任何行为，即使是明显错误的行为，也都会通过机智的诡辩被说成合理的，宛如一个聪明的、有技巧的律师所为。这种态度可能会发展到一个极端：即使是在无关紧要的细节上，比如天气预报，他们也要坚持正确；因为在这类人看来，任何细节上的错误都可能招来全盘皆输的危险。通常情况下，这种人不能容忍意见上的细微分歧，甚至不能容忍情感方面的不同偏好，因为在他的思想中，哪怕是最微小的分歧也等同于批评。这种倾向在很大程度上解释了所谓的"虚假适应"（pseudo-adaptation）。有些人尽管患有严重的神经症，但仍然设法在自己眼中，有时也在周围人的眼中，看起来"正常"和适应良好；在他们身上，我们就可以看到这种虚假适应。在这种类型的神经症患者身上，我们几乎可以断定，他对被人看穿或被人反对有着极大的恐惧。

神经症患者保护自己避免被人反对的第三种方法是，通过无知、疾病或无助来寻求庇护。我在德国治疗的那个法国女孩就是一个明显的例子。我在前面曾提到过两个女孩子，因为被父母怀疑智力缺陷而被送到我这里来，而她就是其中的一个。在最初几周的分析中，我也曾对她的心智能力表示怀疑；她似乎听不懂我说的任何话，尽管她完全听得懂德语。我试图用更简单的语言来重复同样的话，但仍然没有任何进展。最后，有两个因素打破了这个僵局。她做了几个梦，在梦中，我的办公室就像是一座监狱，或者是一个给她做身体检查的医生办公室。这两个意象都暴露了她对于害怕被人看穿的焦虑；她做后一个梦，是因为她害怕任何身体检查。另一个能说明问题的因素是她日常生活中的一件事。有一次，她忘了按照法律的要求出示护照。最后，当她被带去见官员的时候，她假装听不懂德语，希望以此逃脱惩罚——她大笑着向我讲述了这件事。然后她意识到，她对我也使用了同样的策略，而且是出于同样的动机。从那时起，她用事实证明自己是一个非常聪明的女孩。她一直躲在无知和愚蠢的背后，以逃避被指责和惩罚的危险。

一般而言，任何一个给人感觉不可靠的、顽皮的并且行为也是如此的儿童，都会采取这一策略，以免别人对他太认真。有些神经症患者终其一生都会采取这种态度。或者，即使他们没有表现得像孩子一样，也可能拒绝认真对待自己的感情。在分析的过程中，我们可以观察到这种态度的作用。那些快要认识到自己攻击倾向的患者，可能会突然感到无助，突然表现得像个孩子，除了保护和爱之外，别无所求。或者，他们会做这样的梦：在梦中，他们发现自己渺小而无助，不是蜷缩在母亲的子宫里，就是依偎在母亲的怀抱里。

如果无助在某个情境中不适用或者无效，那么疾病也可能起到同样的作用。众所周知，疾病可以用来逃避困难。然而，与此同时，它还为神经症患者提供了一道屏障，让他自己意识不到：内心的恐惧正使他回避自己本应该处理的情况。例如，一个与上司相处困难的神经症患者，可能会通过严重的消化不良来寻求庇护。此时，患病的作用在于，它让患者失去行动的能力；换言之，这是一个借口，让他不去认识自己的懦弱。[1]

1　如果把这种生病的愿望，就像弗兰茨·亚历山大在《对整体人格的精神分析》(*Psychoanalysis of the Total Personality*) 中所说的那样，解释为由于对上司有攻击性冲动而需要受到惩罚，那么患者会很高兴接受这一解释。因为通过这种方式，分析师帮助他有效地避免了面对这样的事实，即他有必要维护自己的权利，但他害怕这么做，而且他对自己的懦弱感到愤怒。这样一来，分析师让患者感觉自己是一个非常高尚的人，以至于任何反对上司的邪恶愿望都让他极为困扰，并因此通过赋予其崇高的道德荣耀而强化了患者本来就有的受虐冲动。

避免任何反对的最后也是最重要的一个防御措施，是营造一种受害的感觉。通过感觉受人虐待，神经症患者避免了责备自己利用他人的倾向；通过感觉自己悲惨地被人忽视，他避免了责备自己占有他人的倾向；通过感觉别人对自己毫无帮助，他隐瞒了自己想要打败别人的倾向。神经症患者频繁地使用并坚持这种感觉受害的策略，因为它实际上是最有效的防御方法。它使神经症患者不仅可以免于自责，同时还可以把责任推到别人身上。

　　现在，让我们回到自责的态度上来。它们的另一个作用——除了保护自己不去面对被人反对的恐惧以及获得正面的安慰之外——是防止神经症患者看到任何改变的必要性；实际上，这种自责成了改变的替代品。要改变一个发展成熟的人格，对每个人来说都是极其困难的。但对神经症患者来说，这个任务更是难上加难，不仅因为他更难认识到改变的必要性，还因为焦虑使他的许多态度成为人格中的必需品。因此，一想到必须要改变，他就恐惧万分，退缩不前，拒不承认改变的必要性。逃避这种认识的方式之一，就是在内心隐秘地相信，通过自责，他就可以"渡过难关"。这个过程在日常生活中可以经常观察到。如果有人后悔自己做了某件事，或者后悔没能做某件事，并因此想要做出补偿或改变导致失败的态度，他就不会让自己淹没在罪疚感之中。如果他真的沉浸于罪疚感，就表明他在逃避改变自己的艰巨任务。悔恨自责的确比改变自己要容易得多。

　　顺便提一句，神经症患者让自己对改变的必要性视而不见，另一种方式是将自己现存的问题理智化（intellectualize）。那些倾向于这样做的患者，在获得心理学知识的过程中得到极大的智力上的满足，这包括对其自身的认识，但也仅限于此。这样，这种理智化的态度就被用来作为一种保护手段，防止他们在情感上体验任何东西，从而使他们认识不到自己必须做出改变。这种情形就好像是，患者一边注视着自己，一边说："瞧，多有趣啊！"

自责还可以用来回避指责别人的危险，因为把罪责揽到自己身上，似乎是一种更安全的方式。对批评和指责别人的抑制，会强化一个人的自责倾向，这一点在神经症中发挥了极大的作用，因此我们应该进行更深入的讨论。

一般说来，这些抑制倾向是有其历史过程的。如果一个孩子在充满恐惧和仇恨的环境中长大，并且这种环境抑制他自发的自尊心，那么他必然会对周围的环境产生强烈的怨恨。然而，他不仅无法表达这些怨恨，而且如果他受到足够的恐吓，他甚至不敢在意识情感中觉察到这些怨恨。这部分是因为他害怕受到惩罚，部分是因为他害怕失去自己所需要的关爱。这些幼稚的反应在现实中有坚实的基础，因为创造这种氛围的父母，由于自身神经质的敏感，几乎从来都不能接受批评。然而，这种认为父母不会犯错的态度普遍存在，也可以归因于文化因素。[1] 在我们的文化中，父母的地位建立在权威的基础上，他们总是依赖这种权威来强迫子女服从。在某些情况下，仁爱支配着家庭成员之间的关系，因此父母没必要强调他们的权威。然而，只要上述文化态度存在，

---

1 这一段及其他段落，参看埃里希·弗洛姆的《权威与家庭》，该书由马克斯·霍克海默尔（1936）主编。

它就或多或少会给家庭关系蒙上一层阴影，即使只是在幕后起作用。

当一种关系建立在权威的基础上，批评往往就受到禁止，因为它会破坏权威。这种禁止可能是公开的，并通过惩罚来执行禁令；但更有效的方式是，大家对这种禁止心照不宣，然后在道德基础上广泛推行。这样一来，孩子对父母的批评，不仅会受到父母个人敏感性的制约，还受到这一事实的限制，即由于普遍的文化态度认为批评父母是一种罪过，所以父母会或明或暗地影响孩子，使他们产生同样的想法。在这种情况下，一个不那么容易受到恐吓的孩子，可能会表现出某种反抗，但这种反抗反过来又会使他感到罪疚。而一个更容易受到恐吓的孩子，则不敢表现出任何怨恨，逐渐地甚至不敢想象父母也有可能犯错。然而，他感觉到一定有人错了，并因此得出结论：既然父母总是对的，那么错的一定是他。不用说，这通常不是一个理智的过程，而是一个情感的过程；它不是由思维决定的，而是由恐惧决定的。

就这样，孩子会开始感到罪疚，或者更准确地说，他会形成一种在自己身上寻找错误的倾向，而不是冷静地权衡利弊，客观地考虑整个情形。他的自责更可能使他感到自卑而不是罪疚。这两者之间只有模糊的界限，且完全取决于他周围环境对道德的强调程度。例如，一个女孩总是屈居于她姐姐之下，并且出于恐惧而忍受不公平的待遇，压抑着她内心真正感受到的不满。她可能会告诉自己，这种不公平的待遇是合理的，因为她本来就不如姐姐（没她漂亮，没她聪明）；或者她可能认为，这种不公平的待遇是正当的，因为她是一个坏女孩。然而，在这两种情况下，她都是把责任揽到自己身上，而没有意识到自己受委屈了。

这种反应方式并不是固定不变的。如果它在儿童身上不是过于根深蒂固，如果儿童周围的环境发生了改变，或者如果他的生活中出现了欣赏他并在情感上支持他的人，那么这种反应就可能会改变。但如果没有发生这种变化，这种把指责别人转化为自责的倾向就会与日俱增。与此同时，他对整个世界的不满也会从各方面不断累积，而他对自己表达怨恨的恐惧也会日益增强，因为他会越来越害怕被人看穿，而且会认为别人和他一样敏感。

但是，认识到一种态度的根源并不足以解释它。无论是从实际的角度还是动力学的角度考虑，更重要的问题都是，此时此刻是哪些因素导致了这种态度。神经症患者在批评和指责他人方面有着特别的困难，是因为有一些决定因素存在于他的成年人格中。

首先，这种不能提出批评的态度，表明患者缺乏自发性的自我肯定。为了理解这一缺陷，只需要把这种态度与我们文化中正常人的感受和行为进行比较——在提出和表达控诉方面，或者更广泛地说，在攻击和防御方面进行比较。正常的人在争论中能够为自己的观点辩护，能够反驳别人无端的指责、暗讽或无理要求，能够在心理或行为上反抗别人的忽视或欺骗。如果他不喜欢某个请求或提议，且当时的情境允许，他就会加以拒绝。如果有必要的话，他能够感受到自己的批评和指责，也能表达自己的批评和指责。或者如果他想的话，他能够刻意回避或赶走一个人。

此外，他还能够捍卫自己或主动出击，而不会出现过于激动的情绪。他能够在夸大的自责与夸大的攻击性之间保持中庸的立场，而这两个极端都会导致一个人对整个世界进行毫无根据的强烈控诉。因此，只有在没有患神经症的情况下，在相对摆脱了弥散性的无意识敌意以及拥有了相对稳定的自尊时，人们才有可能采取中庸之道。

当缺乏这种自发性的自我肯定时，不可避免的结果就是产生一种软弱和无助的感觉。一个人知道——也许他根本没有思考过——如果情况需要，他就可以攻击或保护自己，那么这样的人是强大的，并且他也会感觉如此。如果一个人意识到他可能做不到这一点，那么他就是虚弱的，并且他也会感觉自己是虚弱的。无论我们是出于恐惧还是智慧而制止了一场争论，无论我们是出于软弱还是正义而接受了别人的指责，我们都会像电子钟一样准确地记录下来，即使我们有可能成功地欺骗有意识的自我。对神经症患者来说，这种对软弱的记录正是他容易恼怒的长期秘密来源。许多抑郁的症状，都是在一个人无法为自己的论点辩护，或者无法表达批评意见后开始的。

其次，无法表达批评和指责的另一个因素与基本焦虑有关。如果一个人觉得外部世界充满了敌意，如果他对这个世界感到无助，那么，任何惹恼他人的行为似乎都是轻率鲁莽的。对神经症患者来说，这种做法的危险似乎更大；而且，他的安全感越依赖于别人的爱，他就越害怕失去这种爱。对他来说，惹恼别人的结果，与正常人的理解完全不同。因为他自己和别人的关系脆弱易碎，所以他无法相信别人和他的关系是牢固的。因此，他觉得，惹恼他们便可能意味着最后的决裂；他预期自己会被别人彻底抛弃，遭到唾弃或憎恨。此外，他有意识或无意识地认为，别人和他一样也害怕被人看穿或批评，因此他倾向于小心翼翼地对待别人，正如他希望别人也如此对待他一样。他极度害怕提出甚至是感受到对别人的控诉，这使他陷入了一个特殊的境地，正如我们所见到的，他的内心充满了郁积的怨恨。事实上，每个熟悉神经症患者行为的人都知道，他们确实会表达出大量的控诉，有时以隐蔽的形式，有时则以公开和最具侵略性的形式。既然我仍主张神经症患者对批评和指责别人有一种基本的怯懦，那么就有必要简略地讨论一下，这些控诉在哪些条件下才会表达出来。

第一，它们可能在令人绝望的压力下表达出来，更明确地说，当神经症患者感到不会再有什么可失去时，当他觉得不管自己的行为如何都会遭到拒绝时，这种控诉就会表现出来。例如，如果他努力表现得友善、体贴，但并没有马上得到回报或者遭到了拒绝，那么这种情形就会出现。他的控诉是一次性激烈地爆发完毕，还是会持续一段时间，取决于他的绝望会持续多久。他可能在一次危机中，把一直以来对别人的不满全部发泄出来，也可能他的指责会持续很长一段时间。他所说的都是内心想表达的，而且也希望别人能够认真对待他说的话。然而，他在内心深处还是希望他们能够认识到他有多绝望，并因此宽恕、原谅他。即使在没有绝望的情况下，如果这些责备指向的是神经症患者有意识憎恨的人，并且他也不指望从他们身上得到任何好处，那么也会出现类似的情形。在另一种情况下，也就是我们马上要讨论的情况，这种真情实感的要素消失了。

第二，如果神经症患者觉得自己被人看穿或受到了指责，或者存在这种危险，他也会以或多或少激烈的方式表达自己的控诉。与被人反对的危险相比，惹恼别人的危险便算不上什么了。他觉得自己正处于危急关头，因此要进行反击，就像一只天性敏感的动物，在遇到危险时会拼命反击。患者可能会对分析师提出强烈的控诉，特别在他们害怕某些事情被揭露时，或者在他们做了某件预期会遭到反对的事情时。

不像在绝望的压力下做出的指责，这种攻击是盲目的。它们不分青红皂白地发泄出来，不管是否存在误伤，因为这完全是为了躲避眼前的危险，使用什么方法无所谓。虽然这些攻击偶尔也会包含一些真实的控诉，但它们大体上都是夸大的、荒诞的。在内心深处，神经症患者并不相信自己的这些控诉之词，也不期望它们被认真对待。如果有人把它们当真，例如，如果别人与他一本正经地争论，或者表现出受伤的迹象，他会感到十分惊讶。

当我们认识到对指责的恐惧是神经症性格结构中所固有的，并进一步认识到这种恐惧是如何被处理的，我们就能够理解，为什么患者在这方面的行为经常是自相矛盾的。神经症患者经常不能表达合理的批评，即便他内心充满了强烈的不满。例如，每次他丢了什么东西，都会深信不疑就是女佣偷的；但当女佣没有按时呈上饭菜，他却没法提出控诉甚至也不会抗议。他所提出的控诉在某种程度上经常是不真实的，抓不到重点，有一种虚假的色彩，是没有根据或完全荒诞的。作为一个患者，他可能会大肆指责分析师毁了他的人生，但他无法真实地反对分析师的抽烟嗜好。

这些公开表达的指责，通常并不足以发泄患者心中所有郁积的怨恨。为了发泄所有的怨恨，他还必须采取间接的方式，这种方式可以让患者表达他的怨恨，同时又意识不到自己在做什么。有些怨恨是他无意中表现出来的；有些则是他的移情，从真正想要控诉的人那里转移到相对无关的人身上，例如，当一个女人对丈夫产生怨恨时，她可能会责骂她的女佣。或者，这种怨恨会表现为控诉一般的环境或命运。这些方式相当于安全阀，它们本身并不是神经症患者所特有的。神经症患者所特有的间接地、无意识地表达控诉的方式，是以受苦作为媒介的。通过受苦，神经症患者可以让自己呈现为活生生的控诉。例如，一位妻子因为丈夫常常很晚回家而生病，这不仅比大吵大闹更有效地表达了她的怨恨，而且还有一个好处：在自己眼里，她是一个无辜的受害者。

第三，患者的控诉通过受苦表达出来，因为受苦使控诉显得合情合理。至于受苦如何有效地表达控诉，取决于患者对控诉的抑制。如果恐惧不是太强烈，受苦可能会戏剧性地表达出来，表现为公开的、普遍的责备："看你让我受了多少苦。"这种方式与前文所讨论的获取爱的方式也有密切联系，表达控诉的受苦同时也可以充当乞求怜悯的方法，获取爱作为对伤害的补偿。在控诉方面受到的抑制越大，这种受苦就越少表露出来。这种情形可能会走向极端，即神经症患者甚至不会让别人注意到他在受苦。总而言之，我们发现，神经症患者表现受苦的方式是多种多样的。

由于他内心充满了恐惧，神经症患者总是在责备别人和自责之间摇摆不定。结果之一是，他产生了一种永恒的和绝望的不确定感，不知道对自己的批评是否正确，不知道自己是否受到了冤枉。他根据经验知道或明白，他对别人的指责往往并没有现实根据，而是因为他自己的非理性反应。这种认识使他更难发现自己是否真的受了冤枉，从而使他无法在必要时采取坚定的立场。

旁观者很容易把这些外在表现解释为特别强烈的罪疚感的表达。这并不意味着观察者也是神经症患者，但它确实暗示他与神经症患者的思维及情感都受到了文化的影响。要想了解文化究竟如何影响我们对待罪疚感的态度，就不得不考察各种历史、文化和哲学的问题，而这将远远超出本书的范围。不过，即使完全忽略这些问题，我们也至少有必要提及基督教观念对道德问题的影响，我把它放到下一章来讨论。

关于罪疚感的讨论，可以简略地总结如下：当神经症患者责备自己或表现出某种罪疚感时，我们首先不该问"什么使他产生了罪疚感"，而应该问"这种自责的态度可能有什么功能和作用"。通过观察，我们发现自责的主要功能是：表现了患者对被人反对的恐惧，对这种恐惧的防御，以及避免自己指责他人。

弗洛伊德和大多数追随他的分析师，都倾向于把罪疚感视为基本的动机，这反映了他们那个时代的思想潮流。弗洛伊德认为罪疚感产生于恐惧，因为他假定恐惧促成了"超我"的诞生，然后"超我"又会导致罪疚感；但他倾向于认为，良心的要求与罪疚感一旦确立，就会作为根本的动因发挥作用。而进一步的分析表明，即使我们学会了用罪疚感来应对良心的压力，并接受某种道德标准，但隐藏在罪疚感背后的动机仍然是对事件后果的恐惧，尽管这种动机表现得很微妙、不明显。如果我们承认罪疚感本身并不是根本的动机，那么就有必要修正某些精神分析理论了，这些理论建立在这样的假设之上，即罪疚感是产生神经症的最主要因素，特别是那些具有弥散性的罪疚感，弗洛伊德曾称之为无意识罪疚感。在此，我只提及其中三个最重要的理论：第一，与"消极治疗反应"（negative therapeutic reaction）有关，该理论主张，在治疗中，患者由于无意识的罪疚感而宁愿继续生病；[1]第二，认为"超我"是一个内部结构，它对自我实行惩罚；第三，所谓的道德受虐（moral masochism），它把个人的自我折磨解释为对于惩罚的需要。

1 卡伦·霍妮，《消极治疗反应的问题》（*The Problem of the Negative Therapeutic Reaction*），载于《精神分析季刊》第 5 卷（1936），第 29—45 页。

第 14 章

神经症受苦的含义（受虐问题）

我们已经看到，在与自己的内心冲突做斗争时，神经症患者会经受大量的痛苦；而且他经常把受苦（suffering）作为达到某些目标的手段，这些目标由于现存的困难而难以通过其他方式实现。虽然在每一种个别情况下，我们都能识别患者为何将受苦作为手段以及它要达到的目的，但我们仍然有些困惑不解，为什么神经症患者愿意付出如此巨大的代价？从表面上看，患者滥用受苦的手段以及不去积极掌控生活，似乎是源于某种潜在的驱动力。我们可以大致将其描述为：一种使自我更软弱而非更坚强、更不幸而非更快乐的倾向。

由于这种受苦倾向与关于人性的普遍观念相矛盾，因此它成了一个巨大的谜；事实上，它成了心理学和精神病学的一块绊脚石。这种受苦倾向的确是受虐狂（masochism）的基本问题。"受虐狂"这个词，最初涉及的是性反常和性幻想，在这些变态行为中，性满足是通过受苦来获得的，即通过被鞭打、折磨、强奸、奴役、羞辱而获得。弗洛伊德已经认识到，这些性反常和性幻想与一般的受苦倾向十分类似，即那些没有明显性基础的受苦倾向；后一种倾向被弗洛伊德称为"道德受虐"，个体认为自己想要受到惩罚。由于在性反常和性幻想中，受苦的目的是获得一种积极的满足，因此他得出了这样的结论：所有的神经症受苦都是由想要得到满足的愿望决定的。或者简单地说，患有神经症的人都希望受苦。至于性反常和所谓的道德受虐之间的差别，他认为只是一种意识程度的差别。在性反常中，对满足的追求以及满足本身都是有意识的；而在道德受虐中，两者都是无意识的。

通过受苦来获得满足，即使在性反常中也是一个大问题；而在一般的受苦倾向中，它就变得更加令人费解了。

人们做了许多尝试来解释受虐现象。其中最杰出的是弗洛伊德关于死本能的假设。[1] 简而言之，这种假设主张，人类身上有两种主要的生物力量在起作用：生本能和死本能。后者的目的是自我毁灭，当它与性欲冲动相结合时，就会导致性方面的受虐现象。

在这里，我想要提出一个颇有趣味的问题，即这种受苦倾向能否从心理学角度来理解，而不必求助于生物学假说。

首先，我就必须澄清一种误解，总有人把实际的受苦与受苦倾向混为一谈。我们没有任何根据得出这种结论：既然痛苦确实存在，就必定有招惹痛苦甚至享受痛苦的倾向。例如，我们不可

1　西格蒙德·弗洛伊德，《超越唯乐原则》（*Beyond the Pleasure Principle*），《国际精神分析文库》第 4 卷。

能像多伊奇（H. Deutsch）[1]那样，把在我们的文化中，女人有分娩的痛苦这一事实，当作女人受虐倾向的证据，认为她们暗中享受这种受虐的痛苦，即使在某些特殊情况下确实如此。事实上，神经症患者所遭受的大量痛苦与受苦的愿望毫无关系，它只是现有的冲突不可避免的结果。这种痛苦就像一个人骨折后的疼痛一样。在这两种情况下，痛苦的出现均与人们是否想要痛苦无关，而人们所遭受的痛苦也没给自己带来任何好处。由现有的内心冲突引起的明显焦虑，是神经症中这种痛苦的显著特征，但并非唯一的特征。其他的神经症痛苦，也可以用这种方法来理解——例如，认识到潜能和实际成就之间差距日益增大所带来的痛苦，感到绝望无助地陷入某些困境的痛苦，对最轻微的冒犯过分敏感的痛苦，由于患上神经症而自卑的痛苦。神经症患者的这种痛苦，因为它相当不引人注目，所以，当这个问题被假定为患者希望受苦时，它往往就被完全忽略了。当这种情形发生后，我们有时就会好奇，外行人甚至一些精神病学家，究竟在多大程度上也无意识地持有这种轻蔑的态度，就像神经症患者对自己的疾病一样？

排除了并非由受苦倾向引起的神经症受苦之后，现在，我们要转向那些确实由受苦倾向导致的，并因此被划入受虐冲动范畴的神经症受苦。在这些情况中，人们得到的表面印象是，神经症患者所受的痛苦远超过了有现实依据的痛苦。更详细地说，患者

1　多伊奇，《母性和性》（*Motherhood and Sexuality*），载于《精神分析季刊》第2卷（1933），第476—488页。

给人这样一种印象，即他内心的某种东西贪婪地抓住每一个受苦的机会，他甚至设法把各种幸运的情形都转变成痛苦的情形，似乎他很不情愿放弃受苦。但在这里，产生这种印象的行为，很大程度上可以由神经症受苦对患者所具有的功能来解释。

至于神经症受苦的这些功能，我可以总结一下前面几章所讨论的内容。对神经症患者来说，受苦可能有直接的防御价值，事实上，这可能是他保护自己回避迫在眉睫的危险的唯一方法。通过自责，他避免了被人指责或指责别人；通过假装愚昧或生病，他避免了被人羞辱；通过贬低自己，他避免了竞争的危险——而他由此给自己带来的痛苦，同样也是一种防御。

受苦也是患者满足自己需求的一种手段，是有效地实现他的要求并将其合理化的一种手段。在人生愿望方面，神经症患者实际上进退两难。一方面，他的愿望是强迫性的、无条件的，部分是因为它们由焦虑所促成，部分是因为它们没有真正地考虑别人。但另一方面，他肯定和维护自己要求的能力受到严重损害，这是因为他缺乏自发的自我主张，更笼统地说，因为他有一种基本的无力感。这一困境所导致的结果是，他期待由别人来关心他的愿望。患者给人的印象是，在他的行为背后有一种信念，即认为别人应该对他的生活负责，如果事情出了差错，别人应该受到指责。而这与他的另一个信念又相冲突，即他并不相信有人会给予他任何东西。其结果是，他觉得自己必须强迫别人来满足他的愿望。正是在这种情形下，受苦助了他一臂之力。受苦和无助，成为他获得爱、帮助和控制的绝佳手段，同时也避免了别人对他提出任何要求。

最后，受苦还有一种功能，即以一种伪装的方式来表达对他人的指责，这种方式十分有效。这一点，我们在上一章中已做过详细讨论。

一旦认识到神经症受苦的这些功能，问题就被剥去了神秘的外衣，但仍然没有得到完全解决。尽管受苦具有战略上的价值，但有一个因素支持神经症患者渴望受苦这一观点，即在通常情况下，神经症患者所受的痛苦，往往超过了根据战略目标而应承受的程度。患者倾向于放大自己的痛苦，沉浸在无助、不幸和无价值的感觉中。即使我们知道他的情绪可能被夸大了，而且看问题不能只看表面，但我们仍然被这样的事实所震惊：由于内心冲突的倾向而产生的失望，把他扔进了痛苦的深渊，而且这种痛苦与当时情境对他的影响极不相称。当他取得了一点点成就时，他就会夸张地声称：失败于他而言是不可挽回的耻辱。当他只是没能坚持自己的立场时，他的自尊就会一落千丈，像一只泄气的皮球。在分析过程中，当他不得不面对解决新问题的不愉快情境时，他就会陷入彻底的绝望。因此，我们仍然必须考察这个问题，即为什么他似乎心甘情愿地增加自己的痛苦，以至于超出了战略目标的需要？

在这种受苦中，并没有什么明显的利益可图，也没有什么可能被打动的观众，不会赢得任何同情，也不会有将自己的意志强加于人的隐秘胜利。尽管如此，神经症患者还是会有所收获，只不过是另一种收获。情感上的失败，竞争上的失败，不得不认识到自己明显的软弱或缺点，对任何一个自命不凡的人来说，都是无法忍受的。因此，当患者将其自尊化为乌有之时，成功与失败、优越与低劣的区别就不复存在了；通过夸大自己的痛苦，通过使自己沉浸在悲惨或无价值的基本感觉中，这种令人恼怒的体验就失去了一些真实性，这种特定的痛苦所产生的剧痛也就被麻痹了。在这一过程中起作用的，正是一种辩证的原则，它包含了这样一种哲学真理：在某一个特定的点上，量变可以转化为质变。具体地说，它表示虽然受苦是令人痛苦的，但迫使自己沉溺于过度的痛苦中，却可以起到麻痹痛苦的作用。

有一本丹麦小说对这一过程做了精彩的描述。[1] 故事讲述的是一位作家的爱妻在两年前被人强暴后杀害了。两年来，他一直只能模模糊糊地体验所发生的事情，以此来逃避这种难以忍受的痛苦。为了不去意识到自己的悲痛，他一直埋头于工作，夜以继日地写完了一本书。故事的叙述开始于这本书完成的那天，也就是说，他不得不面对自己痛苦的那一心理瞬间。我们看到他的第一个场景是在墓地，他的脚步不知不觉地把他引到了那里。我们看见他沉浸于最令人毛骨悚然的幻想中，例如，蛆虫在啃噬尸体、人们被活埋于地下，等等。他感到疲惫不堪，回到了家中，痛苦仍折磨着他。他被迫详细地回忆所发生的事情。如果那天晚上他和妻子一起去拜访朋友，如果妻子打了电话让他去接她，如果她留在朋友家中，如果自己出去散步并碰巧在车站遇见她，那

1　奥格·凡·科尔（Aage von Kohl），《穿越黑夜之路》（*Der Weg durch die Nacht*）（由丹麦语译为德语）。

么，这桩谋杀也许就不会发生。由于被迫详细地想象谋杀是如何发生的，他陷入了极度的痛苦中，直到最后失去了意识。故事至此，对我们正在讨论的问题特别有意义。故事的后续情节是，在他从痛苦的折磨中恢复过来后，仍然需要去解决复仇的问题，最终得以现实地面对自己的痛苦。在这个故事中所呈现的过程，与我们在某些丧葬习俗中看到的情形一样，通过极大地强化痛苦并引诱人们完全沉浸其中，来帮助人们减轻丧亲之痛。

当我们认识到这种夸大痛苦所具有的麻痹效果时，就能进一步在受虐冲动中找到可理解的动机。我们看到，这种受苦能够带来某种满足，就像它存在于受虐的性反常和性幻想，以及一般的神经症受苦倾向中一样。然而仍然存在一个问题，即为什么这种受苦可以给人带来满足呢？

为了回答这个问题，我们有必要先找出所有受虐倾向共有的要素，或者更准确地说，找出隐藏在这些倾向之下的基本生活态度。当从这个角度去考虑时，我们就会发现，它们的共同特性是一种内在的软弱感。这种感觉表现在对待自我、他人，以及整个命运的态度上。简而言之，我们可以将这种感觉描述为一种深刻的无意义感，更确切地说是一种虚无感；一种像芦苇一样容易随风摆动的感觉；一种受他人支配和指使的感觉，表现为一种过分顺从的倾向，或者为了防御而过分强调控制他人并且绝不屈服；一种依赖于他人的爱和评判的感觉，前者表现为对爱的过度需求，后者则表现为对指责的过分恐惧；一种对自己的生活没有发言权，而必须让别人承担责任并做出决定的感觉；一种善与恶都来自外界，而自己对命运完全无能为力的感觉，他可能消极地感到随时要大难临头，也可能积极地期待不用动一根手指就会有奇迹降临；一种如果别人不提供激励、方法和目标，他就无法生存、工作和享受任何事物的感觉；一种被控制在主人手中，任其摆布的感觉。那么，我们应该如何理解这种内在的软弱感呢？它归根结底是患者缺乏生命力的表现吗？在某些情况下可能确实如此；但总的来说，神经症患者的生命力与正常人并没有多大差异。它是基本焦虑所导致的直接后果吗？当然，焦虑与这种感觉存在某种关系，但如果仅仅是焦虑，则可能导致相反的结果，即迫使个体为了获得安全感而去追求、获取更多的权力和力量。

真正的答案是：这种内在的软弱感根本就不是事实；人们所感觉到的软弱，以及看起来像是软弱的东西，其实是一种软弱倾向所导致的结果。从我们讨论过的那些特征中，可以清楚地了解到这一事实：神经症患者在他的自我感觉中，无意识地夸大了他的软弱并且顽固地坚持自己的软弱。然而，我们不仅可以通过逻辑推论发现这种让自己软弱的倾向，而且在治疗中也经常能看到它。患者可能会妄想抓住每一个机会，相信自己患有器质性疾病。我有一个患者，一遇到任何困难，就会自觉地希望自己患上了肺结核，躺在一所疗养院中，完全接受别人的照料。无论对这种人提出什么要求，他的第一个反应都是顺从，然后他可能走向另一个极端，不惜任何代价来拒绝顺从。在分析的过程中，患者表现出自我指责，往往是由于他把预期中的批评当作自己的看法，这显示了他随时准备接受任何评判。他倾向于盲目地接受权威意见、依赖他人，抱着"我做不到"的态度逃避困难，而不是把困难当作一种挑战，这都进一步地证明了软弱倾向的存在。

通常情况下，这些软弱倾向中所包含的痛苦，并不能产生有意识的满足。相反，不管它们的目的是什么，都无疑是神经症患者对悲苦的整体意识的一部分。尽管如此，这些软弱倾向的目的仍然是获得满足，即使它们有时并没有实现，或至少表面上没有实现。偶尔，我们也可以观察到这一目标；有时，甚至可以很明显看到获得满足的目标已经实现。例如，有一个患者去看望住在乡下的朋友们，但她感到很失望，因为没有人在车站接她，而且她到达时有些朋友不在家。她说，到目前为止，整个经历都是令人痛苦的。紧接着，她又感到自己陷入了一种极度凄凉和绝望的感觉中。不久之后，她会意识到这种感觉与它的诱因完全不成比例。而这种沉浸在痛苦中的做法，不仅减轻了她的痛苦，甚至还能让她感到十分愉快。

在具有受虐性质的性幻想和性反常中，例如在关于被强奸、殴打、羞辱、奴役的幻想中，或者在这一类的真实行为中，可以更经常、更明显地看到这种满足的实现。事实上，它们只不过是同一种基本软弱倾向的另一种表现形式。

通过沉浸于痛苦中来获得满足，体现了这样一种普遍原则，即通过让自己迷失在某种更巨大的事物中，通过消解自己的个性，放弃自我及其怀疑、冲突、痛苦、局限和孤独来获得满足。[1]

---

1 这种对从受虐中获得满足的解释，在根本上与弗洛姆在《权威与家庭》中的观点是一致的。

这正是尼采所说的从"个体性原则"（principium individuationis）中解脱出来。这也是他所谓的"酒神"精神的含义，他认为这是人类最基本的追求之一。这种精神与他所谓的"日神"精神恰恰相反，后者致力于积极地塑造和掌控人生。鲁思·本尼迪克特谈到酒神精神时，提到了人们尝试引发一种"狂喜"（ecstatic）体验；而且她指出，这些倾向在不同的文化中十分普遍，其表现形式也是多种多样的。

"酒神精神"（dionysian）来源于希腊人对酒神狄奥尼索斯（Dionysos）的崇拜。这种崇拜和更早期的色雷人（Thracians）的崇拜一样，[1] 其目的都是强烈地激发所有的感觉，直到达到幻觉状态。引发"狂喜"状态的手段有：动人的音乐、疯狂的舞蹈、醉酒、性放纵，等等，所有这些都是为了达到一种极度的兴奋与入迷。（"狂喜"这个词的字面意思，就是指一种离开自我的状态。）全世界都有遵循这种原则的习俗或表现：在集体方面，是节日和宗教狂欢中的放纵；在个人方面，是沉溺于药物当中。疼痛在诱发"酒神"状态的过程中也起着一定的作用。在一些平原印第安部落中，人们通过禁食、割肉、捆绑等方式来产生幻觉。在平原印第安人最重要的仪式之一太阳舞中，肉体折磨是一种非常常见的诱发狂喜体验的手段。[2] 中世纪的鞭笞教徒（the Flagellantes）

1　欧文·罗德（Erwin Rohde），《精神：希腊人对灵魂的崇拜和对不朽的信仰》（*Psyche: the cult of souls and belief in immortality among the Greeks*）（1925）。

2　莱斯利·斯皮尔（Leslie Spier），《平原印第安人的太阳之舞：发展与扩散》（*The Sun Dance of the Plains Indians: Its Development and Diffusion*），载于《美国自然历史博物馆人类学论文集》（*Anthropological Papers of the American Museum of Natural History*）第 16 卷第 7 期（纽约，1921）。

就是用鞭打来诱发狂喜状态的，新墨西哥州的忏悔教徒（the Penitents）则通过荆刺、鞭打和背负重物来追求狂喜体验。

虽然酒神精神并非我们文化中的模式化经验，但它对我们来说并不完全陌生。在某种程度上，所有人都知道"放弃自我"带来的满足感。在身体或精神紧张后进入睡眠的过程中，甚至是在进入麻醉状态的过程中，我们都能感觉到这种忘我的满足。这一效果也可以由酒精所引发。在使用酒精的过程中，毫无疑问，之所以感到满足，失去抑制是其中一个因素，而减轻悲伤和焦虑是另一个因素。但是，它最终的目标还是获得忘我和放纵的满足。事实上，很多人都知道，让自己沉浸于一些强烈的感觉中可以带来满足感，无论这种感觉是源于爱、大自然、音乐、对事业的热情，还是性放纵。那么，我们应该如何解释这些追求所表现出的明显的普遍性呢？

尽管人生可以提供各种各样的快乐，但同时也充满着不可避免的悲剧。即使没有特定的痛苦，仍然存在生老病死这些事实。更广泛地说，人类生命中一个固有的事实是，个体是有限的、孤独的——他所能理解、完成或享受的东西都是有限的；说他孤独，是因为他是一个独特的实体，与自己的同胞和周围的自然都是分离的。事实上，这种个体的局限和孤立，正是大多数寻求忘我和放纵的文化试图克服的。我们可以在《奥义书》[1]（Upanishad）中，也可以从无数条河流汇入大海、失去自己的名字和形状这一

1　《奥义书》，古印度经典哲学著作之一，其核心思想是梵我合一。——译者注

画面中，看到对于这种追求的最恰当、最优美的表达。通过让自我消解于某种更大的事物，通过成为一个更大实体的一部分，个体在某种程度上克服了自己的有限性。就像《奥义书》中所说："通过化为虚无，我们成了宇宙创造之源的一部分。"这似乎是宗教供给人类的最大安慰和满足：通过失去自我，他们就可以与上帝或自然合一。此外，通过献身于一项伟大的事业，同样能够获得这种满足；因为把自己交给某一项事业，我们便感到与一个更大的整体合而为一了。

在我们的文化中，我们看到的更多是对自我的相反态度，这种态度强调并高度重视个体的独特性与唯一性。一个人会强烈地感觉到他是一个独立的实体，有别于外部世界，甚至与外部世界相对立。他不仅坚持这种个体性，而且还从中得到极大的满足。他在发展自己特殊潜能的过程中，在积极掌控自己、征服世界的过程中，在成为有价值的人、从事创造性工作的过程中，找到了快乐。对于这种个人发展的理想，歌德曾说过："人类最大的幸福就在于发展个性。"

但是，我们之前讨论过的与此相反的倾向，即打破个性的外壳、消除其有限性和孤独的倾向，同样是一种根深蒂固的人类态度，同样也包含着潜在的满足。这两种倾向本身都不是病理性的；保持、发展个性或是牺牲个性，都是解决人类问题的合理目标。

事实上，几乎所有的神经症患者，都会直接表现出消除自我的倾向。它可能表现为幻想离家出走并成为一个弃儿，幻想成为一个没有姓名的人；可能表现为以某本正在阅读的书中的人物自居；也可能如一个患者所说的，感觉自己被遗弃在黑暗和海浪之中并与其融为一体。这种倾向，可以存在于被催眠的愿望中，存在于对神秘主义的喜好中，存在于虚幻不真实的感觉中，存在于对睡眠的过度需求中，存在于对疾病、疯癫和死亡的渴望中。正如前面提到过的，各种不同的受虐幻想都有一个共同特征，那就是，受他人主宰、任他人摆布的感觉，被剥夺了一切意志与力量的感觉，完全屈服于他人统治与支配的感觉。当然，每一种不同的表现都有其特定的方式和自身的内涵。例如，被奴役的感觉，可能只是感到受伤害的普遍倾向的一部分，它既是一种对奴役他人的冲动的防御，也是一种对他人不被自己支配的控诉。但是，除了这种建立防御和表达敌意的价值，它还暗含了一种放弃自我的正面价值。

无论神经症患者是屈服于他人还是屈服于命运，无论他选择承受何种类型的痛苦，他所寻求的满足，似乎都是削弱或消除他的自我。这样一来，他不再是一个积极的行动者，而变成一个没有自身意志的客体。

当受虐冲动被整合进一种追求放弃自我的整体现象中，并通过软弱和受苦来寻求满足时，它就不再让人感到奇怪了，因为它被放进了一个熟悉的参考框架内。[1] 于是，神经症患者身上受虐倾向的顽固性，便可用这一事实来解释：这些受虐倾向除了作为对抗焦虑的保护手段，同时还能提供一种潜在的或真正的满足。正如我们所看到的，除了在性幻想或性反常中，这种满足很少能够真正实现，尽管对它的追求是软弱和被动的整体倾向中的一个重要元素。这样一来，最后一个问题就出现了：为什么神经症患者很少达到忘我和放任的状态，从而获得他所追求的满足呢？

阻碍这种明确的满足的一个重要因素是，这种受虐冲动，受到神经症患者对其个人独特性的过分强调的抵消。大多数受虐现象与神经症症状一样，其共同特征是在各种不相容的追求之间达成一种妥协。神经症患者倾向于服从他人的意志；但同时，他又坚持认为世界应该适应他。他倾向于感到被别人奴役；但同时，他又坚信自己有权力支配他人。他希望自己无助并得到别人的照顾；但同时，他又坚持不仅要完全自给自足，事实上还要无所不能。他往往觉得自己什么都不是；但如果别人不把他当成天才来看，他又会愤愤不平。事实上，面对这两种极端情况，特别是当这两种追求都很强烈时，不会有一种令人满意的解决方案。

这种寻求忘我的冲动，在神经症患者身上，比正常人更加不可抗拒；因为前者不仅想摆脱人类身上普遍存在的恐惧、局限和

1　威廉·赖希（W. Reich）在《精神关联与植物状态》(*Psychisches Korrelat und Vegetative Stroemung*) 和《性格分析》(*Ueber Charakteranalyse*) 两篇文章中曾做过相似的努力，试图解决关于受虐的问题。他也坚持认为，受虐倾向与快乐原则并不相悖。然而，他将受虐倾向置于性的基础上，而我所描述的神经症患者为消除个人界限所做的努力，在他看来是为追求性高潮。

孤独，他还想摆脱一种陷入不可调和的冲突中的感觉，以及由这种感觉带来的痛苦。同时，在他身上那种与此对立的冲动，即追求权力和自我扩张的冲动也是不可抗拒的，而且超过了正常强度。他确实在试图完成一件不可能的事情，试图既拥有一切，又一无所有。例如，他可能完全无助地依赖他人而生活，但同时，他又利用自己的软弱对他人蛮横无理。

他自己都可能会把这种妥协误认为一种屈从的能力。事实上，有时甚至心理学家也倾向于混淆两者，并假定屈从本身就是一种受虐的态度。但实际情况恰恰相反，有受虐倾向的人根本无法把自己交给任何事或任何人。例如，他无法把全部的精力投入到一项事业中，也不能全身心地去爱一个人。他可以将自己降服于苦难，但在这种降服中，他完全是被动的，而引起自己痛苦的感觉、兴趣或他人，都只是他为了消除自我而采用的一种手段。这种人和他人之间没有积极的互动，只有他对个人目标的自我中心式的专注。真正把自己交给一个人或一项事业，是内在力量的一种表现；而受虐性质的屈服在根本上是软弱的表现。

神经症患者所追求的满足很少实现，另一个原因在于，我所描述的神经症人格结构中固有的破坏性因素。这种因素在"酒神"精神中并不存在。在后者中，并没有任何东西可与神经症人格中的破坏性因素比拟，也没有任何东西可以破坏一个人成功和幸福的潜能。我们且拿希腊人的酒神崇拜和神经症患者坠入疯狂的幻想做个比较。在前者身上，他渴望的是一种短暂的心醉神迷，目的是增加生活的乐趣。而在后者身上，同一种追求忘我和放纵的驱力，既不是为了再生而暂时消失，也不是为了让生活更丰富和充实。它的目标是消除整个痛苦的自我，不考虑它的价值，因此，人格中未受损的部分自然会感到恐惧。事实上，由部分人格引发的整个人格对可能发生的灾难产生恐惧，通常是这一过程中对意识造成影响的唯一因素。神经症患者所知道的，只是他害怕变得疯狂。只有把这个过程分解成它的组成部分——一种放弃自我的冲动、一种反应性的恐惧——我们才能理解，患者是在追求一种明确的满足，但他内心的恐惧阻止了他获得满足。

在我们的文化中，有一个特殊因素强化了与忘我冲动有关的焦虑。那就是，在西方文明中，很少有文化模式能够满足这些冲动，暂且不论其神经症特征。宗教曾经提供了这种可能性，但它现在对大多数人已经失去了权威性和吸引力。事实上，不仅没有满足这些冲动的文化模式，还往往阻碍它们的发展。因为在个人主义的文化中，个体被期望独立自主，坚持自己的主张，而且有必要的话，还要为其信念而战。在我们的文化中，如果在现实中表现出放弃自我的倾向，就会有被整个社会排斥的危险。

考虑到这一点，即阻止神经症患者得到他所追求的特定满足的恐惧，我们就有可能理解受虐幻想和性反常对他的价值了。如果放弃自我的冲动存在于幻想或性行为中，他或许就能逃避完全自我毁灭的危险。就像酒神崇拜一样，这些受虐行为也提供了一种短暂的忘我和放纵，而且相对来说，伤害到自我的风险较小。受虐倾向通常会渗透至整个人格结构，但有时，它们也仅仅集中于性行为，而人格的其他部分相对不受影响。有这样一些人，他们在工作中积极主动，富有进取心，并取得了成功，但他们却不时被迫沉溺于受虐的性反常中，比如，穿得像个女人，或扮演淘气的男孩让自己挨打。另一方面，阻止神经症患者为自己的困难找到满意解决方案的恐惧，即患者害怕放弃自我，也可能渗透到他的受虐冲动中。如果这些冲动是关于性的，那么，尽管他对性关系有强烈的受虐幻想，但他会完全远离性，表现出对异性的厌恶，或者表现出严重的性压抑。

弗洛伊德认为，受虐冲动在本质上是一种性现象。他为了解释它们而提出了一系列理论。最初，他认为受虐倾向反映了性发展中一个明确的、生物学决定的阶段，即所谓的肛门—施虐阶段（anal-sadistic stage）。后来，他又补充了一种假说，认为受虐冲动与女性特征有着内在的联系，其中隐含着一种想要成为女人的愿望。[1] 如前所述，他最后的假设是，这种受虐冲动是自我毁灭倾向和性冲动的结合，其功能就在于使自我毁灭的冲动对个体无害。

另一方面，我的观点可以总结如下：受虐冲动在本质上既不是一种性现象，也不是由生物学过程导致的结果，而是源于人格中的冲突。它们的目的不是受苦；和正常人一样，神经症患者也不希望遭受痛苦。神经症患者的受苦，虽然具有某些功能，但并不是一个人想要的，而是他不得不付出的代价；他所追求的满足不是痛苦本身，而是一种对自我的放弃。

1　弗洛伊德，《受虐倾向的经济原理》（*The Economic Principle of Masochism*）；以及《精神分析引论新编》。亦见卡伦·霍妮的《女性受虐狂问题》（*The Problem of Feminine Masochism*），载于《精神分析评论》第 22 期（1935）。

第 15 章

文化与神经症

即使最有经验的分析师，在每次分析中也会遇到新的问题。在每个患者身上，他都会发现自己面临着从未遇到过的困难，面临更难以辨认、难以解释的态度，以及乍看之下难以明白的反应。但若回顾前几章所描述的神经症性格结构的复杂性，以及其中所包含的许多因素，患者症状的多样性也就不足为奇了。一个人遗传方面的差异，生活经历尤其是童年经历的差异，使得相关因素的构造似乎表现出无穷的变化。

　　然而，正如我们一开始就指出的：尽管存在所有这些个体差异，但导致神经症的关键冲突始终是相同的。一般来说，我们文化中的正常人也面临着同样的冲突。我们不可能在神经症患者和正常人之间做出明确的区分，这是一个老生常谈的问题，但也许有必要再重复一遍。许多读者在面对他们从自己经验中观察到的一些冲突和态度时，可能会问自己：我是不是神经症患者？对此，最有效的判断标准是：一个人是否觉得冲突阻碍了他的发展，是否能直面这些冲突并直接处理它们。

一旦认识到在我们的文化中，神经症患者受到一些潜在冲突的驱使，正常人也会受到同样的冲突的驱使，只不过程度轻微一些，我们就不得不再次面对一开始提出的问题：在我们的文化中，究竟是哪些条件导致了我所描述的这些冲突，从而又导致了神经症？

弗洛伊德对这个问题仅做了有限的思考，他的生物学取向导致了社会学取向的缺失，因此，他倾向于把社会现象主要归因于心理因素，而这些心理因素又主要归因于生物学因素（力比多理论）。这种倾向导致许多精神分析学家相信：战争是由死本能导致的；我们当前的经济体制根植于肛门—性欲驱力（anal-erotic drives）；机械时代没有在两千年前出现，原因是那个时期人们很自恋。

弗洛伊德认为文化并不是复杂的社会过程的产物，而主要是生物性驱力的产物，这些生物性驱力受到压抑或得到升华，其结果是建立了反向形成（reaction formations）[1]。这些生物性驱力被压抑得越彻底，文化的发展水平就越高。但由于升华的能力是有限的，而受到强烈压抑的原始驱力若没有升华就会导致神经症，所以文明的发展必然意味着神经症的产生。神经症是人类为文化的发展而不得不付出的代价。

这一思路背后隐含的理论假设是，相信人性是由其生物性决定的，或者更准确地说，相信在每个人身上，口欲冲动、肛欲冲

1　反向形成，防御机制的一种，把无意识中不能被接受的欲望和冲动转化为意识中的相反行为。——译者注

动、生殖器冲动和攻击冲动的程度都大致相当。因此，个人之间的性格差异，文化所造成的性格差异，都源于所需要的不同的抑制强度，以及这种抑制在不同程度上对不同类型驱力的影响。

历史学和人类学的发现，并没有证实文明的程度与性冲动或攻击冲动的压抑之间存在直接的关系。这一见解的错误主要在于，它假设了一种定量而不是定性的关系。事实上，这种关系并不是压抑和文明之间的定量关系，而是个人冲突和文化困境之间的定性关系。我们当然不能忽视量的因素，但只有在整体结构的框架下，才能对其进行正确的评估。

在我们的文化中，有一些固有的典型困境，这些困境反映了每个人生活中的冲突，它们日积月累有可能导致神经症的形成。由于我并不是一名社会学家，因此，我只能简单地指出那些与神经症和文化问题有关的主要倾向。

现代文化在经济上信奉个人竞争的原则。孤立的个人必须与同一群体中的其他人竞争，必须超越他人，而且经常要排挤他人。一个人的利益往往意味着另一个人的损失。这种情况造成的心理后果是，个体之间弥漫着敌对的紧张气氛。每个人都是另一个人真正的或潜在的竞争对手。这种情形在同一职业团体的成员中非常明显，尽管他们努力地追求公平公正，或是设法用表面的礼貌加以掩饰。然而，我们必须强调的是，竞争以及伴随而来的潜在敌意，事实上弥漫在所有的人际关系中。竞争成为现代社会关系中的主导因素之一。它渗透在男人和男人之间、女人和女人之间，不管竞争的焦点是才华、名气、吸引力，还是任何其他社会价值，它都大大削弱了建立真正友谊的可能性。如前所述，它还扰乱了男女之间的关系，不仅体现在选择伴侣方面，还体现在伴侣间争夺权势的过程中。竞争还会渗透进学校生活；也许最重要的是，它渗透进了家庭生活，因此，通常孩子从一开始就接触到了这种病毒。父亲与儿子、母亲与女儿，以及子女之间的竞争，并不是一种普遍的人类现象，而是人类对文化的条件刺激的反应。弗洛伊德的伟大成就之一，就是他看到了竞争在家庭中所扮演的角色，正如他的俄狄浦斯情结的概念和其他假说所表达的。然而，我们必须补充一点，这种竞争本身并不是由生物性决定的，而是特定文化条件的产物。而且，家庭情境并不是引起竞争的唯一因素，在一个人从生到死的过程中，竞争性刺激都在活跃地发挥作用。

这种个体之间潜在的敌意会导致持续不断的恐惧——对他人的潜在敌意的恐惧，而这种恐惧又因为害怕自己的敌意遭到他人报复而加强。正常人心中的恐惧，另一个重要来源是他预想到自己会失败。对失败的恐惧是一种现实的恐惧，因为一般说来，失败的可能性要比成功的可能性大得多；而且，在一个竞争激烈的社会中，失败意味着你的需求遭到现实的挫折。它们不仅意味着经济上的不安全，还意味着名誉的丧失和各种情绪上的挫折。

成功之所以如此令人神往，另一个原因是它对我们自尊的影响。不仅别人会根据我们取得的成就来评价我们，就连我们自己，不管是愿意还是不愿意，也会遵循这种模式来评价自己。

根据当前的社会文化，成功来自我们自身固有的优点，或者用宗教的话来说，是来自上帝的恩赐。实际上，成功取决于许多受我们控制之外的因素——天时地利的环境，不择手段的冒险，如此等等。尽管如此，在当前社会文化的压力下，即使是最正常的人，也会在成功时觉得自己很有价值，而在失败时觉得自己一文不值。不用说，这反映了我们的自尊搭建在摇摇欲坠的根基之上。

竞争、人与人之间潜在的敌意、恐惧、低自尊，所有这些因素叠加起来，在心理上导致个体感到自己孤立无援。即使他与别人有很多接触，即使他的婚姻很幸福，他在情感上也是孤独的。对任何人来说，情感上的孤独都是难以忍受的；然而，如果再加上他对自己忧虑不安和彷徨不定，就会酿成灾难。

正是这种情形，在我们这个时代的正常人身上，激发了一种对爱的强烈需求，将其作为一种补偿。获得爱，会使一个人感到不那么孤独，较少受到敌意的威胁，对自我也更加确定。在我们的文化中，爱的作用被高估了，因为它成了一种至关重要的需求。但就像成功一样，它也成了一个幻影，给人一种错觉，认为它可以解决所有的问题。爱本身并不是一种错觉，尽管在我们的文化中，它往往是一种掩饰，用来满足各种与爱全然无关的愿望。但是，由于我们对爱的期望远超过它可能实现的程度，所以它被弄成了一种错觉。社会文化对爱的强调，掩盖了导致我们对爱产生夸大需求的种种因素。因此，个人——我所指的仍然是正常人——陷入了需要大量的爱但又难以得到爱的困境。

到目前为止，这种情况为神经症的发展提供了肥沃的土壤。那些影响正常人的文化因素，比如，使其产生极不稳定的自尊，潜在的敌意，忧虑，含有恐惧和敌意的竞争，对满意的人际关系的迫切需要，等等，同样会对神经症患者产生影响，但是其影响程度更甚。而且，在神经症患者身上，同样的结果也会更加严重，比如导致患者出现破碎的自尊、破坏性、焦虑、包含焦虑和破坏性冲动的强烈竞争，以及对爱的过度需求，等等。

如果我们还记得，在每种神经症中都存在着无法调和的矛盾倾向，那么问题就来了：在我们的文化中，是否也存在某些明确的矛盾，这些矛盾构成了典型神经症冲突的基础？不过，研究和描述这些文化矛盾是社会学家的任务。在这里，我只想简明扼要地指出我们文化中一些主要的矛盾倾向。

我要提到的第一组矛盾：一方是竞争和成功，另一方是博爱和谦逊。一方面，我们所做的一切都是为了激励自己走向成功，这意味着我们不仅要有主见，而且还要有攻击性，能够把别人推到一边。另一方面，我们又深受基督教理想的影响，这些理想宣称，为自己索求任何东西都是自私的，我们应该谦卑忍让，如果有人打我们的左脸，还要把右脸也迎上去。对于这种矛盾，在正常范围内只有两种解决办法：一是认真对待其中一种追求，放弃另一种；二是两者都认真对待，结果导致个体在两方面都受到严重抑制。

第二个矛盾是：一方面，我们的需求受到各种刺激；另一方面，满足这些需求时又遇到实际的挫折。在我们的文化中，由于经济方面的原因，个人的需求不断受到商业广告、"炫耀性消费""向邻居看齐"等手段的刺激。然而，对大多数人来说，这些需求的实际满足是受到严格限制的，不可能完全得到满足。对个体来说，由此而产生的心理后果是，他的欲望与其实现之间的差距不断拉大。

第三个矛盾，存在于所谓的个人自由和他所受到的现实限制之间。我们的社会告诉个人，他是自由的、独立的，可以按照自己的自由意志来决定自己的生活；"生活的竞技场"（the great game of life）向他敞开大门，如果他有能力，精力无限，就能得到自己想要的一切。事实上，对大多数人来说，所有这些可能性都是有限的。人们经常开玩笑说，我们无法选择父母，这句戏谑也可以扩展到生活的各个方面——我们无法自由地选择和成就某项事业，无法自由地选择娱乐方式，无法自由地选择伴侣。由此产生的结果是，个人在以下两边摇摆不定：一方面，他感到在决定自身命运方面拥有无限的力量；另一方面，他又感受到完全的无助和绝望。

这些在我们文化中根深蒂固的矛盾，也正是神经症患者努力想要调和的内心冲突：他的攻击倾向与屈服倾向的冲突，他的过分要求与对一无所获的恐惧的冲突，他的自我膨胀与无能为力的冲突。神经症患者与正常人的区别仅仅是程度上的。正常人能够在不损害人格的情况下应对困难；而在神经症患者身上，所有这些冲突都异常强烈，以至于找不到任何令人满意的解决方案。

那些可能患上神经症的人，似乎以一种突出的形式体验到由文化所决定的困境，而且主要是以童年经历为媒介的，所以他要么不能解决这些困境，要么只能以自己的人格为代价来解决。因此，我们可以称神经症患者为我们文化的继子（stepchild）[1]。

– 全书完 –

---

[1] 继子，妻与前夫或夫与前妻所生的子女，亦指受到冷落的孩子，此处用来形容神经症患者在文化中受到的特殊影响，颇为精妙。——译者注

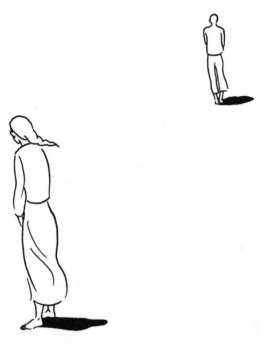

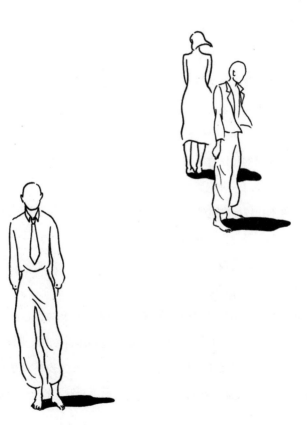

译后记

卡伦·霍妮给人一种强烈而神奇的感觉：她比"我"还要了解自己！

比如，在《我们时代的神经症人格》一书中，霍妮讲到人们对爱的神经症需求。这种需求的常见形式是："我希望你爱我之所是，而不是爱我之所为。"在坠入爱河之时，我们每个人都期望，对方仅仅因为我们本身而爱我们，没有其他任何附加条件，且丝毫不觉得这种愿望有什么异常。

这些隐秘的想法逃不过霍妮的慧眼。她指出，这种对爱的需求，实际上是对一种毫无条件、毫无保留的爱的需求。这种需求要求对方不计较任何挑衅的行为，甚至要求对方为自己做出牺牲。在某个时刻，谁敢保证我们内心没有过这样的想法：爱一个可爱的人谁不会呢，这没有任何意义；真正的爱，就应该能够忍受我的一切，为我付出一切。

再比如，一般失恋之后，我们都会表现出异常的野心：发愤学习，考个第一；埋头苦干，早日升职；追名逐利，出人头地。

正如霍妮在这本书中指出的：当人们无法通过爱获得安全感以缓解潜在的焦虑时，便会转向对权力、名誉和财富的执着追求。

对心理的精准洞察在霍妮的著作中随处可见。杰弗里·鲁宾描述道:"她(霍妮)的思想和她的语言'来自经验,平易近人',她的例子和描述总是那样使人感到熟悉和明白。……由于她的观察力透彻入微,许多读者读到书中描述各种性格类型的段落时非常惊奇,甚至感到局促不安。"

那么,霍妮的真知灼见从何而来呢?一方面,这些知识自然来自她的临床实践;另一方面,这些感悟其实来自她自己。

霍妮的传记作者伯纳德·派里斯认为,"霍妮的个人问题诱使她开始探索自我理解,这方面的记录起先包含在她的日记中,后来则见于她撰写的精神分析著作之中。"霍妮无法将自己的问题永久地压抑下去,把它们全部留给自己,因此她的著作就是"隐秘的自传"。

我们知道,在《我们时代的神经症人格》中,霍妮主要探讨对爱的神经症需求,因为这是令她最为困惑的问题。霍妮自己认识到,"她之所以无法摆脱这一困境,是由于基本焦虑的缘故:一方面,她急于与人接近,以逃脱情感孤立;另一方面,她害怕遭到背叛,所以不敢涉入亲密的情感关系"。

霍妮与男性的关系是困扰她终生的问题之一。也许从她对父亲的情感开始,她与男性的关系就在渴望与失望之间徘徊,贯穿她的一生。她需要一位高尚的灵魂伴侣、精神导师,但她又渴求男性的粗暴,想放弃自己的人格、听凭男性的摆布。"霍妮期望找到一个能同时满足她各方面欲望的伟男子,从而解决自身的冲突。"然而,这一愿望在绝大多数情况下注定是要落空的。

如此说来,霍妮的著作会因为她自身的问题而大打折扣吗?

可能有些读者会感到惊恐，这位医生连自己的问题都没解决还来医人。但伯纳德·派里斯认为，霍妮的困难，包括性方面的困难，是她"产生真知灼见的源泉，而不会有损于其著作的价值"。霍妮的女儿瑞纳特也指出，母亲童年时期与家庭的矛盾，她深重的抑郁和神经症倾向，"皆使她因祸得福"，正因这些独特的遭遇，她能提出精妙的理论并认识人的本质。

派里斯对此表示赞同："霍妮的真知灼见来自于她为减轻自身与患者之痛苦所做的努力。如果她的痛苦不那么强烈的话，那她的洞察也不会那么深刻。"

学生和情人之一哈洛德·克尔曼（比她小 21 岁）形容霍妮有着"充沛的活力、卓越的智慧、伟大的天赋、巨大的缺点"。可以说，霍妮是一个饱受折磨的女人，她有着许多强迫与冲突，在人际关系中举步维艰……但她同时又是一个英雄人物，在努力解决自身问题的同时，她对人类思想做出了巨大贡献。

正如克尔曼所总结的："尽管她自身问题重重，但她仍在创造；因为她问题重重，所以她创造；她通过创造克服了重重问题。"

我们可以轻松地发现，霍妮对神经症的认识来源于她对自己和患者的分析，但是她对健康人格的洞见又从何而来呢？这正是问题的关键和神奇之处。

事实上，世间没有绝对的医者，也没有绝对的患者。每个受伤的病人心中都住着一位医生，每个病人的心中都有一幅关于健康的画面。当然，每一位医生的心中也难免有着某种伤痕。用霍妮的话来说，很多患者会形成一种理想化的自我形象，并以此当作完全健康的标准。不过，只要我们靠着自己的努力去接近这一理想化形象，不过分强求，不怨天尤人，这一形象对我们而言就是有益的。这大概也就是我们身上自我实现的侧面。

霍妮的女儿玛丽安娜对母亲做了极好的总结："她把所有的创造能量都倾注到工作之中，倾注到探索之中，这部分是真正的创造性努力，部分是拯救——使自己脱离人际关系困难的创造性拯救。她是个陷入巨大冲突的人，但她发现了一种成功的、显然令人满意的创造性的生活方式。我认为她始终希望自己的书能吐露她的心声，并以此证明她不虚此生。"

很多人都说，在霍妮的书中看到了自己的身影，这足以证明霍妮的著作对于大众的适用性。

感谢果麦的编辑邀我翻译此书，希望我译出了一个不失准确又通俗易读的版本。书中难免有不尽如人意甚至错讹之处，敬请各位读者批评指正！

郑世彦

2020 年 6 月

于合肥匡河畔

我们时代的神经症人格

作者 _ [德]卡伦·霍妮　译者 _ 郑世彦

产品经理 _ 扈梦秋　装帧设计 _ 林林　插图绘制 _ 李一婧　产品总监 _ 曹曼

技术编辑 _ 丁占旭　执行印制 _ 刘淼　出品人 _ 于桐

营销团队 _ 李佳　杨喆

果麦
www.guomai.cn

以 微 小 的 力 量 推 动 文 明

图书在版编目（ＣＩＰ）数据

我们时代的神经症人格 /（德）卡伦·霍妮著；郑
世彦译. -- 上海：上海文化出版社, 2021.3 （2024.6重印）
ISBN 978-7-5535-2218-0

Ⅰ.①我… Ⅱ.①卡…②郑… Ⅲ.①病态心理学-
研究 Ⅳ.①B846

中国版本图书馆CIP数据核字(2021)第016035号

出 版 人：姜逸青
责任编辑：顾杏娣
特约编辑：扈梦秋
装帧设计：林　林

书　　名：我们时代的神经症人格
作　　者：[德]卡伦·霍妮
译　　者：郑世彦
出　　版：上海世纪出版集团 上海文化出版社
地　　址：上海市闵行区号景路 159 弄 A 座 2 楼　201101
发　　行：果麦文化传媒股份有限公司
印　　刷：北京盛通印刷股份有限公司
开　　本：880mm×1230mm　1/32
印　　张：8
字　　数：165 千字
印　　次：2021 年 3 月第 1 版　2024 年 6 月第 12 次印刷
印　　数：79,001—84,000
书　　号：ISBN 978-7-5535-2218-0/G · 378
定　　价：49.80 元

如发现印装质量问题，影响阅读，请联系 021—64386496 调换。